거꾸로 읽어보는 우주에 관한 유쾌한 상상

중력의 기원과 새로운 우주

行憲 김 민 태

홍릉과학출판사

이 책을 세상에 내놓으며...

역사는 끊임없는 도전과 응전이다. 영국의 역사학자 토인비의 역사에 대한 정의이다. 과학의 역사에도 온전히 해당하는 말일 것이다. 20세기 초까지 물리학을 지배했던 고전역학 혹은 뉴턴역학은 양자역학의 도전을 받고 그 자리를 내주었다. 양자역학은 20세기를 거쳐 지금까지 현대 물리학의 정점에 놓여있다. 미시의 물리세계는 양자역학의 언어로 잘 정리되고 설명된다. 하지만 눈을 들어 저 먼 우주를 바라보면 사정이 달라진다. 양자역학은 맥을 추지 못한다. 그 중심에 만유인력이라 불리었던 중력이 있다. 중력은 양자역학에 흡수되는 않는 뜨거운 감자이다. 뉴턴의 중력이론은 아인슈타인의 일반상대성 이론으로 무장하여 거시의 물리세계를 다루는 우주의 물리학을 이끌고 있다. 수많은 우주현상은 중력 없이는 설명이 불가하며 상대성 이론은 이들 현상을 정교한 언어로 설명한다.

미시세계의 물리와 거시세계의 물리는 서로 다른 것인가? 이 둘이 같다고 한다면, 필연적으로 같다고 한다면, 이 둘을 아우를 수 있는 단초는 어디에서 찾을 것인가? 보이지 않는 실마리 찾기 위해서는 사물을 거꾸로 보는 것이 효과적일 때가 있다. 비어있는 진공을 매우 단단한 매질로 채웠고 채워져 있는 우리물질을 비웠다. 중력을 끌어당기는 힘이 아니고 떠밀리는 힘이라 하였다. 이 책의 부제가 "거꾸로 읽어보는 우주에 관한 유쾌한 상상"인 이유이다.

최근 교과서나 전공서적을 제외한 과학과 관련한 책들이 점점 더 많이 출간되고 있다고 한다. 과학기술 분야에 종사하는 사람으로서 반길만할 일이다. 기존에 출간된 거의 대부분의 과학책들은 지난 과학발견이나 이론을 소개하는 과학역사서이다. 과학의 역사를 "도전과 응전"의 관점에서 기술한 책도 있을 것이고 단순히 정보를 전달하는 책도 있을 것이다. 모두 과거의 사건과 생각을 정리한 것들이다. "중력의 기원과 새로운 우주"라는 이름을 가진 이 책은 과학서의 일종이지만 역사서는 아니다. 과거의 기록과 사상을 들여다보고 많은 상상을 하였고 논리적으로 정리하여 새로운 사상을 도출하고자 하였다. 과거를 기록한 책이 아니고 미래를 바라보는 예견서이다. 저자거리의 대가들이 검증하고 인정한다면 또 하나의 역사서가 될 것이다. 저자의 야무진 꿈이다.

이 책은 저자의 몇 년간의 생각을 정리한 것이다. 생각을 뒷받침하기 위해 위키피디아 등 인터넷 자료를 많이 활용하였다. 단번에 이 책의 내용을 이해하기는 불가할 것이며 두고두고 곱씹어 본다면 이해도가 높아질 것이다. 일반 독자들에게는 생소한 개념과 현상을 가능한 한 풀어서 설명하고자 하였다. 단, 기존과 다른 저자의 주장에 설득력을 더하기 위해서 일부 수식의 도입은 불가피하였다. 과학은 부정되고 도전받지 않으면 발전할 수 없다. 이미 잘 알려지고 빈틈이 없어 보이는 과학사상이라도 의심해보고 다른 각도에서 해석해 보는 것이 과학자들의 덕목일 것이다. 이 책에서 주장하는 내용의 옳고 그름을 떠나 이런 덕목을 실천하기 위한 과정을 음미해 주기 바란다. 기존 학계에서 보면 아주 황당할 수 있는 내용을 담고 있는 이 책의 출간을 선뜻 동의해준 홍릉과학출판사 우명찬 대표에게 심심한 감사를 드린다. 또한 책이 세상에 나오기까지 많은 도움을 준 김기용 이사를 비롯한 출판사 여러분들에게도 머리 숙여 감사를 드린다.

서문

하늘이 맑고 깨끗한 날, 밤하늘을 바라다보면 수많은 별들이 보인다. 우리는 밤하늘의 별빛을 보면서 많은 이야기를 할 수 있다. 과학이 발달한 현재 뿐만 아니라 먼 옛날에도 사람들은 별들을 관찰하며 그 움직임을 과학적으로 분석하고 그 원리를 파악하고자 노력하였다. 이와 관련된 학문을 천문학이라 한다. 별의 움직임으로 개인이나 나라의 운명을 점치는데도 이용하기도 하였다. 지금도 이러한 점성술을 이용하는 사람이 있어 보인다. 별들 중에는 태양과 같은 스스로 밝은 빛을 발하는 항성도 (우리는 태양을 별이란 부르지 않지만, 학문적으로는 분명이 별이다.) 있고 그렇지 않은 지구나 화성, 목성 등과 같은 행성도 있으며 밤하늘에서 가끔 볼 수 있는 유성도 있다. 별은 빛으로 우리에게 다가왔으며 아직도 다가오지 않은 별도 있다(고 추정된다). 빛은 우리가 알고 있는 존재 중에 가장 빠른 것이다. 아직 빛 보다 빠른 그 어떤 것도 발견된 적이 없다 ('중성미자, neutrino'라는 미립자가 한때 빛보다 빠르다고 측정되었지만 오류로 판명되었다).[1] 태양은 빛의 속도로 8분 안에(정확히는 8분19초) 지구까지 다다를 수 있는 가까운 거리에 있지만, 수많은 별들은 빛의 속도로 몇 10년 이상(혹은 몇 억년 이상)을 달려도 다다를 수 없는 거리에 있기도 하다.

그런데 빛은 어떻게 아무것도 없는 우주의 공간 속을 그야말로 빛의 속도로 이동할 수 있는 것인가? 몇 백 년 전, 아직 빛이 무엇인지 정확하게 알려지지 않던 시절, 뉴턴은 빛은 그 어떤 알갱이로 구성되어있다 라고 주장했다. 그 시절, 호이겐스와 같은 과학자들은 빛은 물결이나 음파와 같은 파동의 한 종류라는 것을 실험적으로 보여주었다. 빛이 파동이라면, 물이나 공기 또는 그 어떤 매질이 존재해야지만 빛이 너울져 이동할 수 있다. 뉴턴 시대에 빛이 파동이라는 것을 믿었던 과학자들은 빛이 너울질 수 있는 그 어떤 매질로 “에테르”라는 것을 생각하였다. 에테르는 빛이 의지해서 이동할 수 있는 가상의 물질(유체)이다. 1887년 마이컬슨(Albert Abraham Michelson)과 몰리(Edward Morley)는 이 가상의 광학적 에테르의 존재를 실험적으로 증명하고자 하였다. 이들은 일종의 정교한 광학 장치를 제작하여 에테르가 존재함으로써 생길 빛의 속도차에 의한 간섭현상을 관찰하고자 하였다. 이것이 그 유명한 “마이컬슨-몰리” 실험이다. 지구가 태양의 주위를 회전함으로써 “에테르”의 흐름을 느끼고 이 흐름의 정도(유속)가 지구의 진행방향과 수직방향에서 달라져야하기 때문에 동일한 거리를 이동하되 그 경로가 다른 두 가닥의 빛을 겹치게 하면 “에테르”의 영향으로 두 가닥의 빛의 속도가 달라지며 이로 인하여 간섭무늬가 나타날 것으로 예상하였다. 그런데 결과는 예상과 달리 아무런 빛의 간섭이 관찰되지 않았다. 이후 보다 정교한 실험이 수행되었지만 결과는 마찬가지였다. 빛을 담아낼 "에테르"와 같은 존재는 없다고 판명이 되었다. 에테르의 존재를 부정하는 이 실험으로 마이컬슨은 1907년 노벨물리학상을 수상하였다.

이로서 빛은 진공 속을 거침없이 스스로 이동하게 되었고 20세기 후반 빛의 입자(양자)적 특성이 관찰되어 파동과 입자의 특성을 동시에 가진 이중적 존재로 인식되었다 (빛의 입자 특성, 정확히는 빛 에너지의 양자화는 현대 물리의 핵심인 양자역학의 태동에 크게 기여하였다). 빛이 진공 속을 스스로 이동하고 빛의 속도는 관찰자의 운동 상태와 관계없이 일정하다는 (동일한 속도가 측정된다) 사실로부터 아인슈타인은 특수상대성 이론(special theory of relativity)을 제시하였다. 이 이론으로부터 물질의 질량(m)은 빛의 속도(c)를 매개로 에너지(E)와 호환할 수 있는, 소위 아인슈타인 등가식이 도출되었다: $E=mc^2$. 이 식은 원자핵 분열이나 핵융합 시 반응전후의 질량차이와 방출된 에너지의 관계를 완벽하게 설명함으로써 빛이 이동하는 우주공간은 아무것도 없는 진공이라는 확신은 더욱더 굳건해 졌다.

정말로 우주공간은 우리가 관찰할 수 있는 별과 같은 물질이외에 광속으로 이동하는 빛을 담아내는 매질이 없는 것일까? 물질 이외의 우주공간은 진공일까? 진공에는 우리가 알지 못하는 에너지나 물질이 없을까? 요즈음의 우주공간은 물질이외에 암흑물질, 암흑에너지로 구성되었을 것이라는 가설이 인정되고 있는 분위기이다. 우주배경에도 뭔가 존재한다는 것이다. 진공에도 물질이나 에너지가 있다는 것이다. 진공에 에너지 또는 물질이 있다고 최초로 거론한 사람은 바로 아이러니하게도 아인슈타인이다. (왜 아이러니하냐고? 특수상대성 이론이 바로 진공에는 빛을 담아낼 아무것도 없다는 가정 하에 도출된 것이기 때문이다. 물론 아인슈타인이 진공의 뭔가는 빛과 전혀 반응하지 않는다는 전제를 달았지만...) 아인슈타인은 우주는 중력 때문에 축소해야하지만 축소하지 않는 것은 우주에 에너지가 있기 때문이고 이를 위하여 우주상수 개념을 일반상대성 이론에 추가하였다. 이 보완된 이론은 우주가 팽창하지도 수축하지도 않는 우주이론이다. 하지만 허블의 관찰로 우주가 팽창한다는 것이 밝혀지면서 이 우주상수는 더 이상 주목받지 못했다. 최근 우주가 가속적으로 팽창할 수 있다는 것이 알려지면서 우주상수가 다시 주목을 받았고 우주에는 우리가 알지 못하는 암흑에너지나 암흑물질이 있을 것이라는 추측이 천문학계에 대두되고 있다.

우리가 알고 있는 진공은 진공이 아니고 과연 진공에는 얼마만큼의 에너지나 물질이 존재하는가? 하는 물음만이 존재한다. 현재는 두 가지 이론이 대립한다. 진공은 물질세계에서 가질 수 있는 최소의 에너지를 갖거나 (영점 에너지, zero point energy, 10^{-9} J/m^3) 이와는 반대로 10^{113} J/m^3로 예측되는 엄청난 에너지를 갖는다. 이 차이가 너무 커서 물리학계에서는 이를 "진공 대재앙(vacuum catastrophe)" 또는 "우주상수 문제(cosmological constant problem)"라 칭한다. 이 두 가지 이론이 다 맞는다고 한다면, 다음과 같이 설명할 수 있을 것이다.

> "진공은 그 어떤 매질(진공매질로 칭함)로 가득 차 있지만 그 에너지는 없거나 아주 적다."

위 전제는 진공을 구성하는 매질은 아인슈타인의 물질-에너지 등가 방정식이 적용되지 않는 것으로 에너지로 변환하지 않는다는 의미다. 그리고 이 전제에 덧붙여 추가할 제2의 전제는 진공매질에 에너지가 더해져야 만이 물질이 된다는 것이다. 즉, 물질세계는 진공을 구성하는 매질과 이에 더해진 에너지와의 상호작용에 의해 결정된다는 것이다. 영국의 과학 잡지 편집인인 배터스비(Stephen Battersby)는 "우리가 아는 물질의 특성은 결국은 진공과의 작용의 결과이다: It is confirmed: Matter is merely vacuum fluctuations."라고 2008년 10월 16일 New Scientist(newscientist.com)의 뉴스 기고문에서 서술하였다. 또한 그보다 훨씬 이전 1985년에 데이비스(Davies, Paul)는 "진공에 대하여 아는 것이 완전 이론(Theory of Everything)에 접근하는 가장 핵심(key factor)일 것이다."라고 언급하였다.[2] 진공에 대해 잘 아는 것이 우리 물질세계를 이해하는 핵심일 것이다.

목차

요약

현대 물리학에서 중력은 아직도 미지의 물리현상이다. 양자중력이론에 의거 중력파의 존재를 예측하고 관측하기 위해 많은 시도를 하고 있지만 아직 별다른 발견은 이루어지지 않고 있다. 물론 발견했다는 뉴스도 있다. 이 중력파의 정도는 매우 미미하여 마치 태양정도의 크기에 수소원자의 크기를 비교하는 정도이다. 현실적으로 그 측정값을 신뢰할 수 힘들다는 의미이다. 이 책에서 저자는 중력이라는 불가사의한 힘의 근원을 진공(우주배경)에서 찾고자 하였다. 현재 진공은 이론적으로 물질 또는 에너지를 가지고 있으며, 암흑물질, 암흑에너지 등의 존재(예상)로 완전히 진공이 아닌 상태임이 인정되고 있다. 이 책에서는 진공은 우리가 알고 있는 물질보다 대단히 높은 밀도를 가진 그 어떤 매질로 채워져 있으며 0에 가까운 에너지(영점에너지)를 갖고 있다는 기본 전제하에 빛의 전달과 중력의 현상에 대해 새롭게 해석하였다. 물질은 진공매질에 에너지가 가해지면 생성되는 것이며 가해진 에너지만큼 진공매질의 부피가 팽창하거나 진공매질의 변형을 야기하여 진공매질 속에서 응력을 형성하고 형성된 응력의 변화가 중력의 근원이 될 것임을 기존의 물리학적 발견과 해석을 바탕으로 그 이론적 근거를 제시하였다. 또한 물질의 이동은 진공매질과의 에너지 교환으로 파동형태로 이루어진다는 전제하에 기존의 (천체)물리적 현상을 새롭게 해석하고자 하였다.

제 1 장

빛과 중력이라는 수수께끼

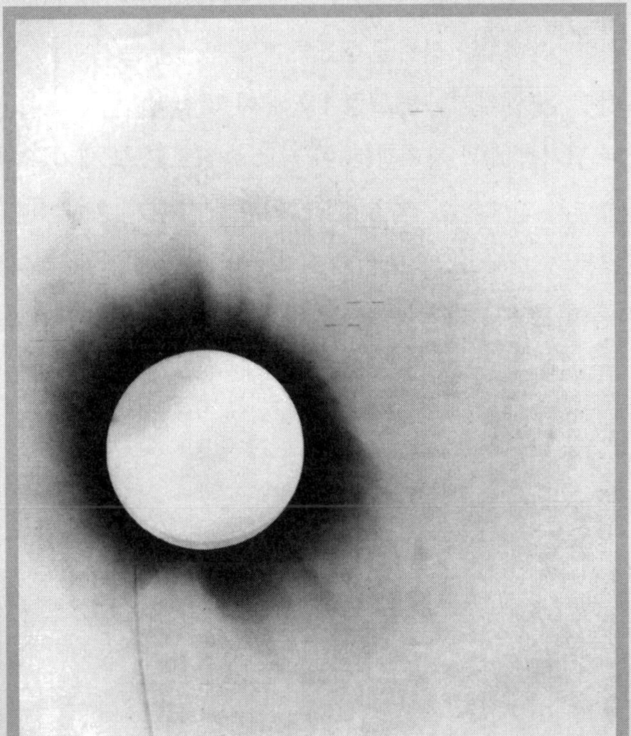

1919년 5월 29일 에딩턴의 개기일식 사진. 이 에딩턴의 관측결과는 빛이 중력장에서 휜다는 아인슈타인의 일반상대성 이론을 검증하는 것으로서 당시 뉴욕타임즈를 포함한 많은 신문들이 1면에 대서특필할 정도로 엄청난 반향을 일으켰다.

1.1. 빛(전자기파)은 매질이 필요할까?

"明若觀火" 또는 "불 보듯 뻔하다"라는 말이 있듯이 불이 내는 빛은 바로 우리 눈앞에서 전개되기도 하고 수십 광년 이상 멀리 떨어진 곳에서 오기도 한다. 빛은 잘 알려진 바와 같이 전자기파(electromagnetic wave)의 일종이다. 전자기파 전체를 대표하여 빛이라 부르기도 한다. 전자기파란 무엇인가? 전자기파는 **그림 1**과 같이 빛이 진공이나 어떤 매질을 통과할 때 전기장(E)과 자기장(B)이 서로 수직으로 그 세기가 파동적으로 변화하면서 진행하는 전기파와 자기파가 합쳐진 용어이다. 가시광선(可視光線, Visible Light)으로 대표되는 빛 이외에 전파, 적외선, 자외선, X선 등이 모두 전자기파에 속한다. 이들의 차이는 파장(파동의 골과 다음 골 사이 간격)의 차이에 기인한다. 우리가 흔히 접하는 가시광

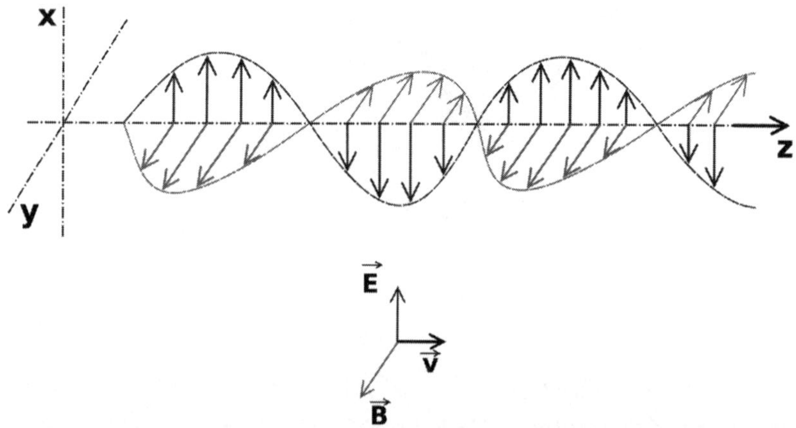

그림 1. 빛(전자기파)의 전기장(E) 및 자기장(B)

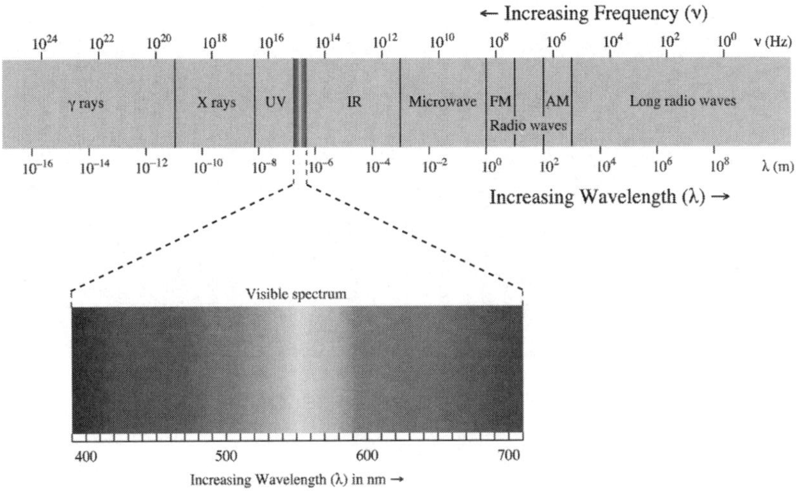

그림 2. 빛과 전자기파의 파장 영역. 가시광선(Visible Light)의 파장(Wavelength)은 400에서 700나노미터에 걸쳐져있다.

선은 파장이 500나노미터(nm, 10^{-9}m) 근처에 있다(**그림 2** 참조). 빛(전자기파)의 에너지는 파장이 짧으면 그 크기가 크고 반대로 파장이 길면 작다. 라디오나 TV에 사용되는 전자기파의 파장은 수 미터로 에너지가 아주 낮은 측에 속하고 의료용으로 사용되는 X선은 에너지가 높은 측에 속한다.

부정된 가상의 진공매질—에테르

빛은 광학이라는 학문에서 거의 완벽하게 이론화되었고 이 이론을 바탕으로 많은 광학기계, 장비 등이 개발되었으며 실생활에 활용되고 있다. 빛의 가장 독특한 특징은 음파나 다른 종류의 파동과 달리 매질 없이도

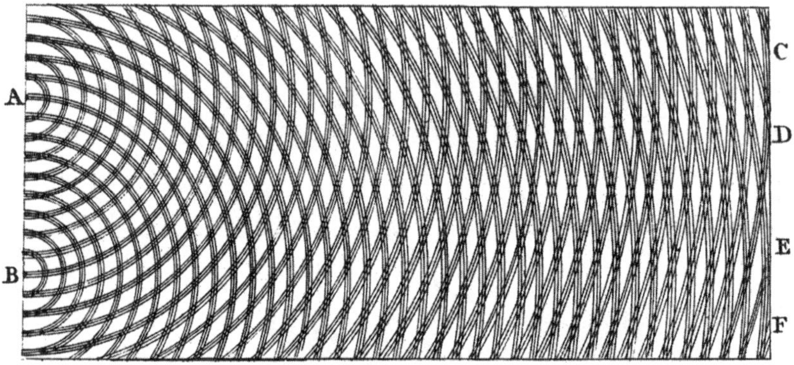

그림 3. 토마스 영의 이중 슬릿에 의한 파동의 회절을 나타내는 스케치

(진공 속에서) 전파한다는 사실이다. 진공에서의 빛의 속도는 초당~300,000km로 일정하다.*2 매질 없이 진공에서 완벽하게 직진한다는 성질 때문에 1600년대 뉴턴*3은 빛이 입자로 구성되었을 것이라는 주장을 펼쳤고 상당기간 정설로 인정되어왔었다. 하지만 호이겐스*4 등이 빛의 파동설을 주장하고 이론화 하였으며 이를 입증하는 실험결과를 도출함으로써 점차 빛은 파동이라는 것이 인정되었다. 토마스 영*5은 1801년 이중 슬릿 간섭(double-slit interference) 실험으로 빛의 간섭현상을 관찰하였고[3] 이후 빛의 파동설이 입자설을 대체하게 되었다.[4]

뉴턴 시대에 빛이 파동이라는 것을 믿었던 과학자들은 빛이 너울

---

*2 파동의 속도는 파장(λ)과 단위시간당 진동수(f)의 곱으로 표시된다. 빛의 속도가 일정하다는 것은 짧은 파장일수록 진동수가 크다는 뜻이다.

*3 Isaac Newton(1642. 12~1727. 3) 영국의 물리학자, 수학자.

*4 Christiaan Huygens(1629. 4~1695. 7) 네덜란드 수학자, 물리학자 겸 천문학자.

*5 Thomas Young(1773. 6~1829. 5) 영국의 의사, 물리학자, 생리학자 겸 언어학자.

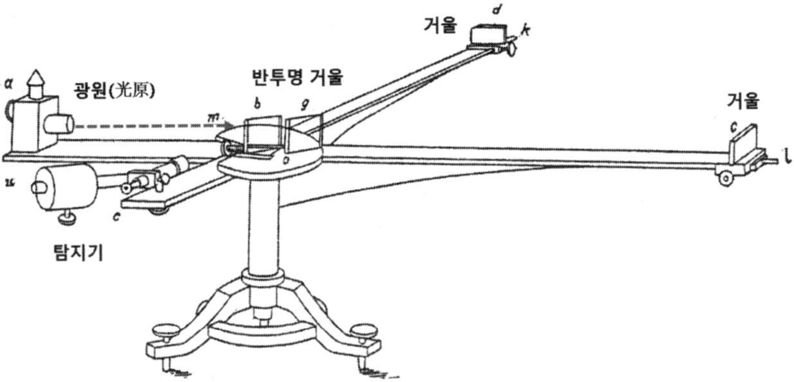

그림 4. 마이컬슨이 1881년 개발한 간섭계의 개요도

질 수 있는 그 어떤 매질이 필요하였고 이 매질로 "에테르(ether)"라는 것을 생각하였다. 에테르는 빛이 의지해서 이동할 수 있는 가상의 유체이다. 이 가상의 광학 유체의 존재를 증명하기 위하여 1887년 마이컬슨*6과 몰리(Edward Morley)는 그 유명한 "마이컬슨-몰리 실험"을 수행하였다.[5] 이 실험을 위하여 마이컬슨은 몰리와 함께 **그림 4**와 같은 일종의 정교한 광학 장치를 제작하여 에테르의 영향으로 생길 것으로 예상되는 빛의 속도차에 의한 간섭현상을 관찰하고자 하였다. 지구가 태양의 주위를 회전함으로써 "에테르"의 흐름을 느끼고 이 흐름의 정도(유속)가 지구의 진행방향과 수직방향에서 달라져야하기 때문에 동일한 거리를 이동하되 그 경로가 다른 두 가닥의 빛을 겹치게 하면 "에테르"의 영향으로 서로 다른 두 가닥의 빛의 속도가 달라지며 이로 인하여 빛의 간섭

---

*6 Albert Abraham Michelson(1852. 12~1931. 5) 폴란드계 미국인 물리학자. 에테르의 존재를 부정하는 마이컬슨-몰리 실험 실험으로 미국인 최초로 1907년 노벨물리학상을 수상하였다.

무늬가 나타날 것으로 예상하였다. 그런데 예상과 달리 아무런 빛의 간섭이 관찰되지 않았다. 이후 보다 정교한 실험이 수행되었지만 결과는 마찬가지였다.[6] 빛을 담아낼 "에테르"와 같은 존재는 없다고 판명이 되었다. 에테르의 존재를 확인하고자 한 실험이 도리어 그 존재를 부정하게 된 것이다.

이로서 빛은 진공 속을 아무런 영향을 받지 않고 스스로 이동하게 되었고 20세기 후반 빛의 입자(양자)적 특성이 관찰됨에 따라 파동과 입자의 특성을 가진 이중적 존재로 인식되었다 (빛의 입자 특성, 정확히는 빛 에너지의 양자화는 현대 물리의 핵인 양자역학의 태동이 크게 기여하였다). 빛이 입자의 특성을 갖는다고 해서 실존하는 입자가 아니고 빛의 에너지가 양자화되어 있다는 의미에서의 입자이며, 뉴턴 시대의 입자와는 개념이 다른 것이다.

1.2. 시간의 왜곡-특수상대성 이론

마이컬슨-몰리 시험에서 증명된 '에테르'와 같은 빛을 이동시키기 위한 매질이 없고 빛이 진공 속을 스스로 이동하고 빛의 속도는 광원의 운동 상태와 관계없이 일정하다는 (동일한 속도가 측정된다) 사실로부터 1905년 아인슈타인[*7]은 특수상대성 이론(Special theory of relativity)을 발표하였다. (하지만 아인슈타인은 마이컬슨-몰리 시험이 특수상대성

*7 Albert Einstein(1879. 3~1955. 4) 독일 태생의 이론물리학자. 양자역학적으로 매우 중요한 광전효과의 발견으로 1921년 노벨물리학상 수상.

이론에 전혀 영향을 주지 않았다고 주장하고 있다.7) 이 이론은 관성계(가속되지 않는 좌표계)에서만 적용되는 것으로 관성계에서의 물리학의 법칙은 변하지 않는다는 것을 전제로 한다. 이 이론은 당시 빛의 속도에 근접하여 운동하는 입자의 영역에서 뉴턴역학과 전자기학의 차이를 설명하기 위해 도출된 것이었다. 이 이론으로부터 물질의 질량(m)은 빛의 속도(c)를 매개로 에너지(E)와 호환할 수 있는, 소위 아인슈타인 에너지-질량 등가식이 유도되었다: $E=mc^2$. 이 등가식은 원자핵 분열이나 핵융합 시 반응전후의 질량차이와 방출된 에너지의 관계를 완벽하게 설명함으로써 아인슈타인의 특수상대성 이론을 공고히 하였고 빛이 이동하는 우주공간은 "에테르"와 같은 매질은 존재하지 않은 그야말로 아무것도 없는 진공이라는 확신은 더욱더 굳건해 졌다.

사냑의 실험

마이컬슨-몰리 실험이 "에테르"의 존재를 부정하는 것으로 빛의 진공 내 속도가 불변함을 확인하고 아인슈타인의 특수상대성이론의 근간이 되었지만, 한때 사냑*8의 실험이 에테르의 존재를 확인하는 것으로 알려졌었다. 1913년 사냑은 에테르의 존재를 확인하기 위하여 **그림 5**와 같이 회전하는 플랫폼 상에서 하나의 빛줄기가 둘로 나뉘어 서로 반대방향으로 폐회로를 통해 이동한 후 다시 합쳐질 경우 빛의 간섭현상이 발생하는 것을 실험적으로 보여주었다.8 간섭을 일으키는 빛의 위상차는

*8 Georges Sagnac(1869. 10～1928. 2) 프랑스 물리학자.

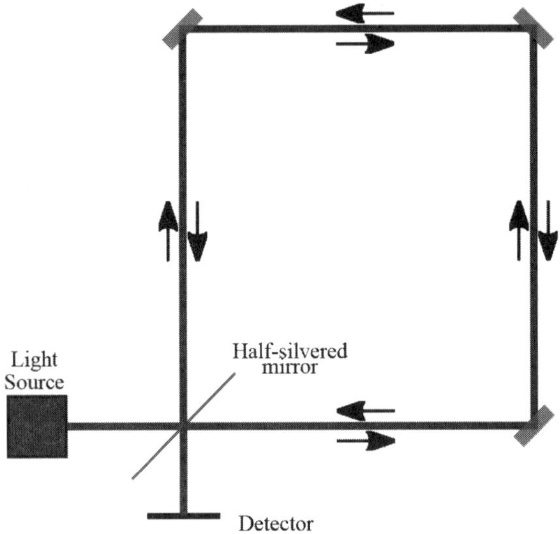

그림 5. 사냑의 빛의 간섭 실험장치 개요도. 장치가 회전하기 때문에 회전방향의 빛줄기와 반대방향의 빛줄기가 출구에서 만나면 간섭을 일으킨다.

플랫폼의 회전 각속도에 비례한다. 이것이 사냑효과이다. 라우에[*9]는 이 현상을 미리 예측하였고 이론적으로 빛의 속도와 회전속도가 일정하면 서로 반대방향으로 진행하는 빛의 시간차가 생기고 간섭현상이 발생한다고 했다.[9] 이 현상은 물론 특수상대성 이론에도 부합하고 흐름이 없는(stational) 에테르의 가설에도 부합하는 것이었지만 마이컬슨-몰리 실험에서 기대했던 에테르의 영향은 확인되지 않았다. 이후 보다 정교한 이론적 고찰로 에테르의 존재가 부정되어 빛은 진공을 통해서 이동하고 그 속도는 일정함이 더욱더 확고해졌다.

---

*9 Max Theodor Felix von Laue(1879. 10~1960. 4). 독일의 물리학자. 고체의 결정구조에 의한 X선의 회절현상을 발견한 공로로 1914년 노벨물리학상을 수상하였다.

공간의 길이가 수축하고 시간이 늘어나는 이론

특수상대성 이론은 길이수축(length contraction), 시간팽창(time dilation), 상대론적 질량(relativistic mass) 등 우리의 일상에서 느낄 수 없는 현상을 잘 설명하고 있다. 이것은 근본적으로는 진공에서 빛의 속도의 불변성에 기인한다. 이 불변성을 유지하기 위해 시간이 팽창하고 길이가 수축하는 것이다.

길이수축은 움직이는 개체의 길이가 정지해 있을 때보다 정지한 관찰자에게 짧게 측정되는 현상이다.[10] 로렌츠 수축(Lorentz contraction)이라고도 한다. 보통 개체의 속도가 빛의 속도에 근접할 때 진행방향에서만 인지할 수 있다. 애초에 이러한 길이수축은 마이컬슨-몰리 실험으

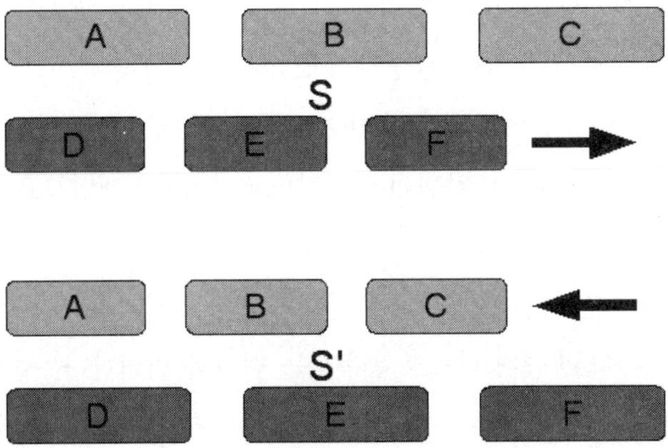

그림 6. 길이 수축: 정지상태 S와 운동상태 S'에 놓여있는 A, B, C 3개의 막대기를 상정한다. A와 D의 왼쪽 끝이 수평방향에서 동일한 위치에 있을 때, 막대기의 길이는 달리 측정된다. S에서는 A의 왼쪽 끝과 C의 오른쪽 끝 사이의 간격은 D와 F간의 간격보다 크다. S'에는 그 반대가 된다. (화살표는 운동방향을 나타낸다.)

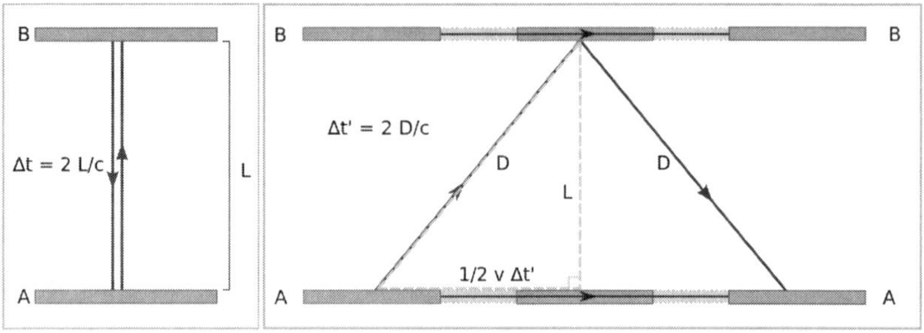

그림 7. 좌: A와 B가 정지한 경우 A에서 나와 B에서 반사되어 다시 A로 돌아오는 광신호가 걸린 시간은 2L/c이다. 우: A가 왼쪽에서 오른쪽으로 등속 이동하는 경우 시간 t'=0에서 광신호가 A로부터 발생하고 B는 이 신호를 시간 t'=D/c에서 받고 다시 A는 반사된 신호를 시간 t'=2D/c에서 받는다.

로 그 존재가 부정된 에테르의 가설을 보완하기 위해 제안되었다.[11] 하지만 아인슈타인이 에테르와 같은 유체의 존재와 상관없이 특수상대성 이론으로만 길이수축을 설명하여 당대의 시간과 공간의 개념을 획기적으로 변화시켰다.[12] 이러한 아인슈타인의 생각은 이후 민코프스키*10에 의해 시간이 포함된 4차원의 시공간(space-time) 개념으로 발전하게 된다.

시간팽창은 어떤 관성계에서 상대속도를 가지는 다른 관성계를 관측할 때 시간이 팽창된 것으로 관측되는 현상을 의미한다. 주어진 관성계에서 정지한 관찰자와 움직이는 관찰자의 시계는 서로 상대방의 시계가 늦게 간다고 인식한다. 이것은 누가 움직이는가와 상관없이 서로가 상대적으로 움직이기 때문이다. 상식적으로는 움직이는 개체의 시

*10 Hermann Minkowski(1864. 6~1909. 1). 독일 수학자. 제자였던 아인슈타인의 일반상대성 원리를 4차원 공간에서 이해할 수 있는 민코프스키 시공간의 이론을 제공하였다.

간이 늦어지면 그 개체는 외부 세계의 시간이 빨라진다고 느낄 것이다. 상대성 이론은 그 반대를 예측한다. 이것은 모순인 것처럼 보인다. 이것은 마치 한 사람이 멀리 있는 사람을 자기보다 작게 보이고 멀리 있는 사람에게 그 사람이 작게 보이는 것과 유사하다. 이러한 의미에서 시간팽창은 모순이 아니며[13] 상호성(reciprocity) 또는 대칭성을 가지는 시간의 특성, 즉 시간팽창은 상대론적 관점에서 잘 이해되는 것이다.[14] 시간팽창은 중력장의 세기가 다르거나 가속하는 환경에서도 발생한다. 중력이 센 곳에 있는 시계는 약한 곳에 있는 시계보다 느리게 간다. 우주에 보내진 원자시계가 지구의 시계보다 늦게 가거나 GPS(Global Positioning System)상의 시계가 빨리 간다.[15] 하지만 시간의 상호성 또는 대칭성은 쌍둥이 모순[*11]에서 알 수 있듯이 관성계가 아닌 경우에는 성립하지 않는다.

한편 길이수축과 시간팽창은 다음과 같이 각각 수식으로 나타낼 수 있다.

$$\text{길이수축:}\quad L=\sqrt{1-\frac{v^2}{c^2}}=\frac{L_0}{\gamma} \tag{1.1}$$

*11 쌍둥이 중 형은 지구에 있고 동생은 우주선에 승선하여 우주여행을 한다면 시간의 상호성으로 인하여 둘은 다시 만났을 때 나이가 같아야 한다. 그렇지만 우주여행이 끝나고 다시 만났을 때 형이 지구의 동생보다 젊다. 이 모순은 지구의 자전과 공정에 의한 약한 가속을 느낀 동생보다 여행한 형은 출발, 도착, 방향전환 등에서 심하게 가속하였기 때문이라 할 수 있다. 즉, 가속의 상황에서 시간팽창은 대칭성이 없다.

$$\text{시간팽창:}\quad \Delta t' = \frac{\Delta t}{\sqrt{1-\dfrac{v^2}{c^2}}} = \gamma\Delta t \tag{1.2}$$

위 식에서 γ는 로렌츠 인자[16]로 불리며 v와 c는 물체의 속도와 빛의 속도를 각각 나타낸다. 정지상태의 길이(L_0)와 시간변화(Δt)가 상대적인 움직임에 의해 각각 L과 $\Delta t'$로 수축하고 팽창한다. 로렌츠 인자를 매개로 (1.1)식과 (1.2)식을 정리하면 (1.3)식과 같이 된다.

$$L_0\Delta t = L\Delta t' \tag{1.3}$$

길이와 시간의 곱은 길이수축과 시간팽창에 상관없이 일정하다. 따라서 시간팽창은 특수상대성 이론에서 길이수축과 동전의 양면과 같은 것이라 할 수 있다.

한편 특수상대성 이론에서 "질량"은 두 가지 의미를 가진다. 그 하나는 "정지 질량(m_0)" 또는 "불변 질량"으로 "정지 에너지"와 동일한 것으로서 모든 좌표계에서 모든 관찰자에 대하여 동일한 불변의 양이다. 다른 하나는 "상대 질량(m)" 또는 개체의 "총 에너지"에 해당하는 것으로 관찰자의 속도에 따라 달라진다. 아인슈타인의 에너지-질량 등가원리로부터 모든 질량은 에너지와 호환되며 물체의 운동에너지 또는 질량으로 환산된다. 운동에너지가 포함된 등가법칙은 로렌츠 인자를 매개로 다음과 같이 표시된다.

$$E = \gamma E_0 = \gamma m_0 c^2 \quad (1.4)$$

(1.4)식에서 γm_0가 상대질량이다. (1.2)식의 시간팽창과 동일한 형태를 가진다. 따라서 에너지와 시간은 그 형태만 다를 뿐 동일한 것으로 인식할 수 있다. 한편 빛은 정지 질량이 0이지만 에너지를 가지고 있어 상대질량을 가질 수 있는 것이다.

앞서 언급하였듯이 특수 상대성이론은 진공 속을 변하지 않는 빛의 속도로 이동하는 불변성으로부터 나온 것이다. 하지만 빛은 강한 중력장하에서 굴절하거나 속도가 변하기도 한다. 특수 상대성이론만으로 해석할 수 없는 현상이다. 빛이 아무것도 없는 진공에서 **그림 1**과 같이 전기장과 자기장이 교차하면서 이동한다고 하지만 중력은 어떻게 발생하고 아무것도 없는 진공을 통해 빛에 영향을 미치는 것일까? 빛의 전파 이상으로 신비로운 현상이다.

1.3. 중력, 그 신비한 힘

자연계에 존재하는 기본적인 힘은 4가지로 분류된다.[17] 강력(strong force), 전자기력(electromagnetic force), 약력(weak force), 중력(gravity)이다. 강한 상호작용(strong interaction) 또는 강한 핵력(strong nuclear force)으로도 불리는 강력은 원자핵의 힘과 관련된 것이다. 대부분의 물질을 움켜지고 있은 힘으로써 양성자와 중성자와 같은 중입자

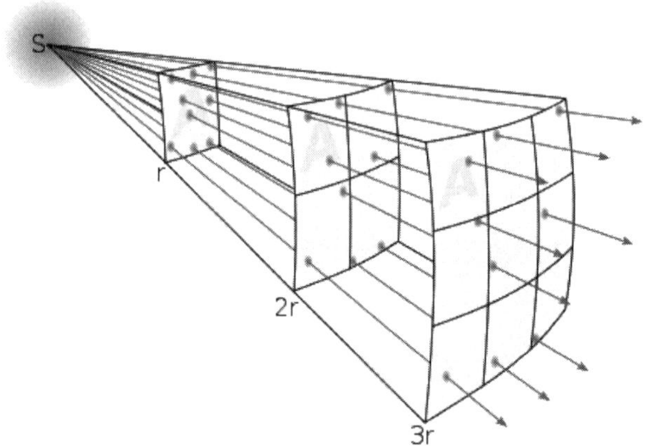

그림 8. S는 광원이다. 이 광원으로부터 나오는 빛의 흐름을 화살표로 표시한다. 광량은 광원의 강도에 비례하고 거리에 상관없이 일정하다. 따라서 단위 면적당 광량은 구의 표면적이 반경의 제곱에 비례하기 때문에 광원과의 거리의 제곱에 반비례한다. 중력장 세기도 이와 같은 원리로 거리의 제곱에 반비례하는 것이다.

(baryon) 내에 쿼크*12를 가두고 있다. 중성자와 양성자를 모아 원자핵을 구성한다. 보통 양성자와 중성자의 질량은 강력의 에너지에서 나온다. 쿼크는 전체 질량의 1% 정도에 불과하다.[18] 약한 상호작용(weak interaction) 또는 약한 핵력(weak nuclear force)으로도 불리는 약력은 원자 내에서의 방사능 붕괴와 관련이 있으며 핵분열 과정에서 중요한 역할을 한다. 전자기력은 우리에게 친숙한 힘으로서 전하를 띤 입자사이에 발생하는 힘이다. 전기장, 자기장, 전자기파 등의 전자기장을 구

*12 쿼크는 기본입자이며 물질의 기초물질로 알려져 있다. 쿼크는 직접 관찰되지 않고 중입자 거동의 관찰로부터 간접적으로 인식된다. 쿼크는 입자물리의 표준모델에서의 기본 입자로서 유일하게 4종류의 힘에 반응하고 전하가 분수 값이다. 6종의 쿼크: 위(up), 아래(down), 기묘(strange), 참(charm), 꼭대기(top)와 바닥(bottom) 쿼크가 있다.

성한다. 고에너지 입자물리학에서 약력과 전자기력이 전약력(電弱力, electroweak force)으로 통합된다.[19]

자연을 지배하는 가장 약한 힘—중력

강력을 기준으로 상대적 강도로 나타내면, 전자기력 10^{-2}, 약력 10^{-9}, 중력 10^{-38}로 다른 3가지 힘에 비해 중력은 아주 미미하다고 할 수 있으며 유일하게 인력만 작용한다. 중력은 전자기력과 함께 우리에게 매우 익숙한 물리용어이지만 현대 물리학에서 있어서 가장 불가사이하고 난해한 힘이기도 하다. 중력이론은 1687년 뉴턴이 "자연철학의 수학적 원리, Principia"에 처음 소개한 이래로 아인슈타인의 일반상대성 이론을 거쳐, 양자중력[*13]이론[20]까지 발달해왔다. 뉴턴의 중력이론에 의하면 질량이 m_1과 m_2인 두 물체 사이에는 다음과 같이 중력을 매개로 인력(F)이 작용한다.

$$F = \frac{Gm_1m_2}{r^2} \tag{1.5}$$

즉, 인력 F는 두 물체간 거리의 제곱에 정확히 반비례한다(그림 8 참조). (1.5)식은 그 어떤 배경이론이 있지 않으며 경험에 의한 원리이다. 영국

*13 양자중력(quantum gravity)은 양자역학의 이론으로 중력을 설명하고자하는 이론물리의 한 분야이다. 중력장이 매우 센 천체에 가까운 곳에서는 양자효과를 무시할 수 없으며 이를 양자중력 이론으로 해석하고자한다. 양자장 이론을 중력자라는 개념으로 도입하여 설명하고자 하지만 의미 있는 예측이 불가능하다는 한계를 가지고 있다.

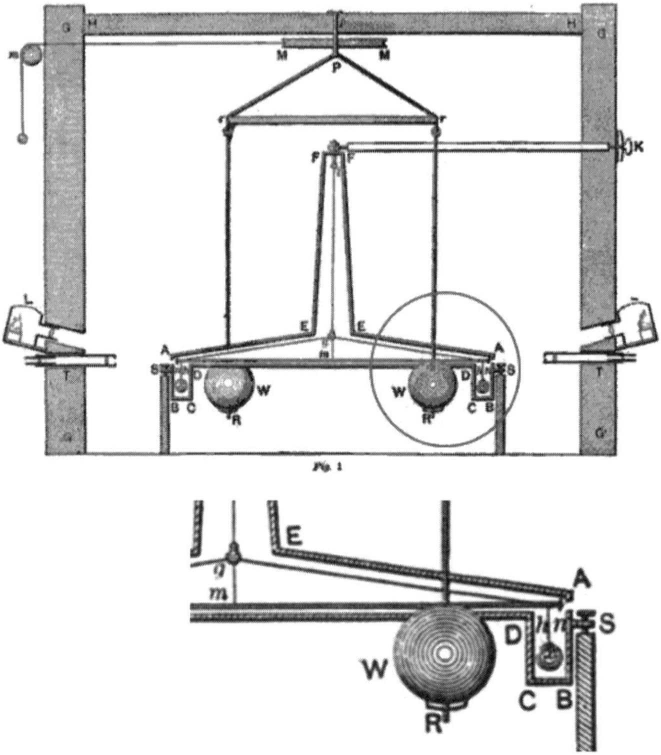

그림 9. 중력상수 측정에 사용된 카벤디쉬의 비틀림 균형장치의 단면도. 아래 단면도는 위 단면도에 동그라미 부분을 확대한 것이다. 매달려 있는 큰 구(W)가 외부 도르래에 의해 회전하여 작은 구(x) 옆으로 이동한다.

의 과학자 카벤디쉬[*14]가 1797~1798년에 **그림 9**와 같은 비틀림 균형 장치(torsion balance apparatus)를 이용하여 최초로 실험적으로 검증하였다.[21] 이때 중력상수 G는 $6.74\times10^{-11}\ m^3kg^{-1}s^{-1}$로 측정되어 현재 공인

*14 Henry Cavendish(1731. 10~1810. 2) 영국의 자연철학자, 과학자. 자신이 "연소 가능한 공기"라고 명명한 수소 발견으로 유명하다.

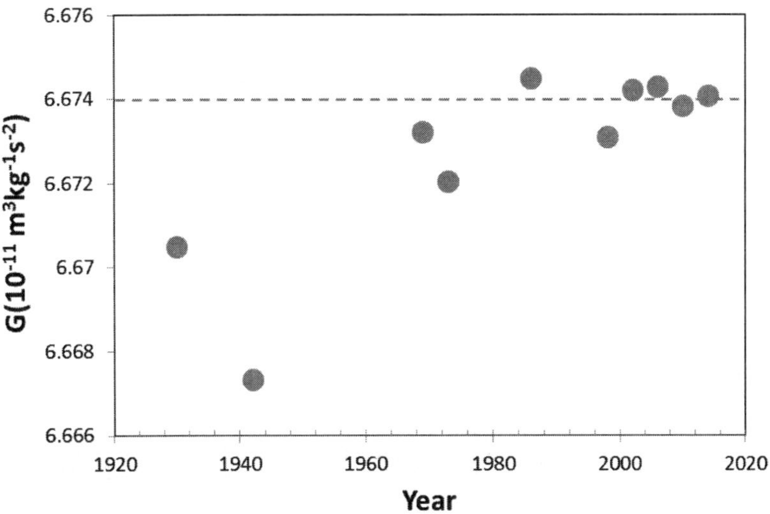

그림 10. 측정된 중력상수 값의 변천사 (점선은 공인 값)

된 값 6.674×10^{-11} $m^3kg^{-1}s^{-1}$과 1% 밖에 차이가 나지 않는다. 가장 최근(2014년)에는 로시 등이 6.67191×10^{-11} $m^3kg^{-1}s^{-1}$로 보고하였다.[22] **그림 10**은 측정된 중력상수 값의 변천사를 보여준다. 현재 공인 값에 수렴함을 알 수 있다.

중력은 우리가 일상생활에서 가장 밀접하게 느끼는 힘이다. 똑바로 서있거나 높이뛰기를 할 때도 지구의 중력을 극복하기 위해 에너지를 소모해야한다. 지구상에서의 중력에 의한 위치에너지에 해당하는 반경방향의 운동에너지를 가지면 지구를 탈출할 수 있다. 이때의 속도는 탈출속도(escape velocity)라 하며 초당 11.186km로 계산된다.[23] 또한 뉴턴의 중력이론은 케플러*15 법칙과 같은 우주현상을 잘 설명한다.

*15 Johannes Kepler(1571. 12~1630. 11) 독일 수학자, 천문학자 및 점성술사. 행성의 운동을

예를 들어 케플러 제3법칙을 유도할 수 있다. 이 법칙은 행성의 공전주기의 제곱은 궤도 장축의 세제곱에 직접 비례한다는 법칙으로 태양과의 거리와 궤도 주기와의 관계를 나타낸다. 케플러는 이 법칙이 명확하게 수학적으로 표현되는 것에 대해 "행성의 음악"이라 지칭한 이후 조화의 법칙으로도 알려져 왔다.[24] 뉴턴의 중력법칙에 의거, 구심력과 중력을 같다고 하면, 원궤도에 대하여 다음식이 성립한다.

표 1. 태양계 행성의 $GM/4\pi^2$ (Wolfram|Alpha Knowledgebase 2018)

행성	장축반경 a [AU]	주기 T [days]	$a^3/T^2 \times 10^{-6}$ [AU^3/day^2]
수성	0.38710	87.9693	7.496
금성	0.72333	224.7008	7.496
지구	1	365.2564	7.496
화성	1.52366	686.9796	7.495
목성	5.20336	4332.8201	7.504
토성	9.53707	10775.5990	7.498
천왕성	19.19130	30687.1530	7.506
해왕성	30.06900	60190.0300	7.504

$$mr\omega^2 = mr\left(\frac{2\pi}{T}\right)^2 = \frac{Gm_1m_2}{r^2} \tag{1.6}$$

관찰, 분석하여 자신의 이름을 딴 케플러 법칙을 발견하였다. 이 법칙은 뉴턴의 중력이론의 근간을 이룬다.

여기서 ω는 각속도, T는 공전주기이다. 위 식을 정리하면

$$T^2 = \left(\frac{4\pi^2}{GM}\right) r^3 \tag{1.7}$$

타원인 경우 무게 중심을 기준으로 계산한다. 이 경우 반지름 r을 타원 장축 반경 a로 대체하고 태양질량 M을 M+m(행성질량)으로 바꾼다. 즉,

$$\frac{a^3}{T^2} = \frac{G(M+m)}{4\pi^2} \approx \frac{GM}{4\pi^2} \tag{1.8}$$

태양의 질량이 타 행성의 질량보다 매우 크기 때문에 m을 무시할 수 있다. (1.8)식에 태양질량을 대입하면 그 값은 7.495×10^{-6} [AU^3/day^2][*16]이다. 표 1에 태양계 행성에 대해 관측된 궤도 장축반경과 주기로부터 계산한 값을 나타내었다. 태양계의 모든 행성은 이론적 예측치와 거의 일치함을 알 수 있다.

중력이란 무엇인가?

그런데 이 중력이라는 힘은 어디서 왔으며 그 실체는 무엇일까? 중력이

*16 여기서 AU는 149,597,870,700m로 태양과 지구사이의 거리이다.

론을 발표한 뉴턴조차 1692년 벤틀리*17에게 보낸 편지에서 "멀리 떨어져 있는 두 물체가 아무 것도 없는 진공을 통해 힘이 서로 작용한다는 것이 너무 터무니없는 것"이라고 그 실체에 대해 고민하였다.[25] 중력은 아직 그 근원이 아직 밝혀진 바가 없다. 일부 학자들이 엔트로피와 관련한 이론을 제시하고 있을 뿐이다.[26] 이는 엔트로피적인 중력(entropic gravity)이라 불리며 중력을 엔트로피에 의한 힘으로 묘사하지만 기본적인 인력은 아니다. 이 이론은 끈 이론(string theory),*18 블랙홀 물리, 및 양자정보이론(quantum information theory)에 기반으로 한 것으로 중력을 시공간 정보의 작은 비트들의 양자얽힘(quantum entanglement)*19에 기인하여 나타나는 현상이라 설명한다. 따라서 엔트로피적인 중력은 엔트로피는 시간에 따라 증가한다는 열역학 제2법칙에 의거 지속되는 것이다. 엔트로피적 중력은 수정 뉴턴역학(Modified Newtonian Dynamics)을 설명하는 얼개를 제공한다. 수정 뉴턴역학에서는 중력가속도의 임계값 약 1.2×10^{-10} m/s^{2}에서 중력의 강도는 질량으로부

---

*17 리처드 벤틀리(Richard Bentley, 1662. 1~1742. 7). 영국의 고전학자, 비평가, 신학자. 케임브리지 대학 트리니티 칼리지의 학장을 역임하였다.

*18 물리학에서 입자는 그 크기가 0인 점(point)을 기본으로 이론을 전개하지만 끈 이론은 일정 크기를 가진 끈(string)을 기반으로 하고 있다.

*19 양자 얽힘은 다수의 입자나 입자쌍이 생성 또는 상호작용할 때 개별 입자의 양자 상태를 독립적으로 묘사할 수 없고 (멀리 떨어져 있을 때도 마찬가지) 시스템 전체로서 설명해야 한다는 것이다. 얽힌 입자들의 위치, 운동량, 스핀, 편광 등은 서로 연결되어 있다. 예로, 한 쌍의 입자가 총 스핀이 0인 상태로 생성되었을 때 한 입자가 시계방향의 스핀을 가지면 다른 입자의 스핀은 반대방향이 된다. 한 입자의 상태를 측정하는 것은 그 입자에 에너지를 가하는 것과 같고 이를 통해 본래의 양자 상태를 바꾸게 되면, 서로 얽힌 입자의 경우 이러한 측정은 전체 얽힌 입자 시스템에 행해지는 것이다. 따라서 얽힌 쌍의 한 입자는 서로 간 정보 교환할 어떤 수단이 없음에도 다른 입자가 측정됨을 즉시 알게 된다.

터 거리의 제곱이 아니고 거리에 반비례하여 감소한다. 이것은 지구 표면의 중력 강도의 12×10^{-12} 밖에 되지 않는 매우 작은 값으로서 물체가 1m 지구 표면에서 낙하하는데 36시간이 걸리는 것과 같다. 이 이론을 신봉하는 학자들은 거시적인 뉴턴의 중력이론과 아인슈타인의 일반 상대성이론에 의한 시공간 왜곡과도 일치한다고 주장하지만 아직 검증되지 않고 있는 이론이다.

1.4. 중력이 사라진 일반상대성 이론

중력의 실체가 불분명하기 때문에 아인슈타인은 중력은 힘이 아니고 질량과 에너지에 의해 휘어지는 시공간의 특성에 의해 나타나는 현상이라 하였으며 이 특성을 자신의 일반상대성 이론을 통해 수식화하여 1915년에 발표하였다.[27] 1905년 특수 상대성이론을 발표한 지 10년이 지난 후였다.

아인슈타인의 시공간 왜곡

이 수식은 아인슈타인 방정식(Einstein Field Equation)이라 불린다. 총 10개의 미분방정식으로 구성되며 다음과 같이 대표적으로 나타낼 수 있다.

$$R_{\mu\nu}-\frac{1}{2}Rg_{\mu\nu}+(\Lambda g_{\mu\nu})=\frac{8\pi G}{c^4}T_{\mu\nu} \tag{1.9}$$

여기서 $R_{\mu\nu}$는 리치 곡률 텐서(Ricci curvature tensor)로 공간의 왜곡 상태를 나타낸다. $g_{\mu\nu}$는 민코프스키 시공간이라 불리는 공간과 시간이 조합된 4차원 시공간에서의 계량(최단거리) 텐서이다. $T_{\mu\nu}$는 에너지와 운동량의 밀도 및 유량을 나타내는 에너지-운동량 텐서(stress-energy tensor)이다. (1.9)식의 좌변의 괄호 안에 있는 Λ는 우주상수로서 1915년에 발표할 때 포함되지 않았지만 1916년에 수정하여 추가하였다.[28] 이 책에서는 위 아인슈타인 방정식을 더 이상 상세히 설명하지 않을 것이다. 이 책에서 다루기는 개념적으로 어렵고 복잡하기 때문이다. 단, 아인슈타인의 방정식은 **그림 11**과 같은 가상의 이미지로 형상화할 수 있다. 지구라는 질량이 존재함으로써((1.9)식의 우변) 주위의 시공간이 왜곡된다((1.9)식의 좌변).

아인슈타인 방정식은 중력이 약하거나 물체의 속도가 빛의 속도에 비해 미미한 환경에서 뉴턴의 중력이론에 수렴한다. 하지만 중력장이 세거나 속도가 빛의 속도에 근접할 경우 뉴턴의 중력이론이 설명하지 못하는 결과를 잘 설명하고 있다. 대표적인 것이 빛이 강한 중력장을 통과할 때 휘어진다는(deflected) 것이 정량적으로 예측되고 에딩턴*20의 관측으로 검증된 것이다. 에딩턴은 1919년 서부 아프리카 프린시페 섬에서 개기일식 때 태양에 근접하여 통과하는 별빛이 휘는 정도들 측정하였고 그 결과 1.6초(1초=1/360도) 정도 휘는 것을 확인하였다.[29] **그림 12**는 이때 찍은 사진이다.*21 일반상대성 이론에 의한 예측 값인 1.73초

*20 Arthur Stanley Eddington(1882. 12~1944. 11) 영국의 천문학자.

*21 에딩턴의 관측결과는 아인슈타인의 일반상대성 이론을 검증하는 것으로서 당시 뉴욕타임즈를 포함한 많은 신문들이 1면에 대서특필할 정도로 엄청난 반향을 일으켰다.

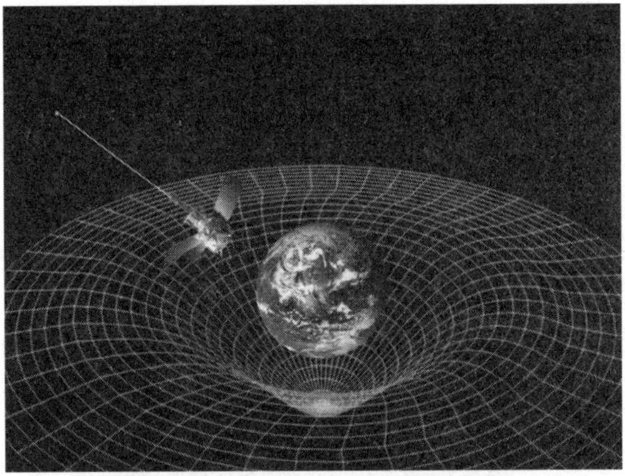

그림 11. 아인슈타인의 일반상대성 이론에 의한 지구 주위의 시공간 왜곡

와 근접한 값이다. 아인슈타인에 의하면 이러한 빛의 거동의 원인은 중력장 근처에는 시공간이 **그림 11**과 같이 왜곡되어있기 때문이다. 에너지-질량 등가원리($E=mc^2$)에 의하면, 빛의 에너지는 질량으로 환산되며, 이로 인한 중력(인력)이 발생하고 별빛이 태양 가까이에서 휘어진다고도 할 수 있다. 이것은 뉴턴의 중력이론으로도 예측할 수 있지만 아인슈타인 방정식에 의한 예측치의 절반밖에 되지 않는다. 이 밖에 아인슈타인의 일반 상대성이론은 중력에 의한 빛의 적색편이[*22], 수성의 세차운동[*23] 등의 현상을 명쾌히 설명하여 우주에 관한 최고의 이론으로 인정받고 있다.[30]

*22 (Gravitational Redshift) 중력장에 놓인 광원에서 나오는 빛의 파장이 중력장의 세기가 작은 곳의 관찰자에게 길어져 붉게 보이는 현상.

*23 (Perihelion precession of Mercury) 수성이 태양의 주위를 타원궤도로 공전하면서 근일점(태양과 가장 가깝게 근접하는 점)이 이동하는 현상. 상세내용 2.8절 참조.

그림 12. 1919년 5월 29일 에딩턴의 개기일식 사진

아인슈타인 방정식과 양자역학

아인슈타인 방정식은 정확한 해를 구하기 매우 어려운 미분방정식으로 알려져 있다. 정확한 해로 알려진 것도 엄밀한 의미에서 근사식인 것이다. 그 대표적인 것인 약한 중력장의 조건에서 유도된 슈바르츠실트 계량(Schwarzschild metric)[31]이다. 아인슈타인 방정식이 발표된 다음해인 1916년에 발표된 것으로서 후에 이 해를 유도한 독일의 수학자인 슈바르츠실트*24의 이름을 붙였다. 이 해는 약한 중력장에서의 지구의 공전과 같은 움직임을 잘 설명하는 것이지만, 강한 중력장에서의 특이점

*24 Karl Schwarzschild (1873. 10~1916. 5), 독일의 천체물리학자로 1915년 아인슈타인의 일반상대성이론이 나온 그해 최초로 일반상대성이론에 대한 해를 구했다.

(singularity) 문제가 부각되어 블랙홀을 탄생시키는 모태가 된다.[*25]

한편 아인슈타인은 우주는 중력 때문에 수축하게 되어있지만 우주가 수축하지 않는 것은 우주에 관찰되지 않는 그 어떤 에너지가 존재하기 때문이라 하였다. 아인슈타인은 (1.9)식과 같이 우주상수 Λ를 도입하여 방정식을 보완하였다. 우주상수라는 것은 진공에너지와 같은 것으로 우주에서 측정되지는 않지만 존재해야 만이 우주가 중력으로 인한 수축을 방지하고 안정한 우주가 된다고 하였다. 이 우주상수는 처음에는 주목을 받지 못하였지만 허블의 관측으로 우주는 가속 팽창할 것이라는 이론이 대두된 이후 암흑에너지와 동일 시 되고 있다. 암흑에너지라는 알 수 없는 에너지가 존재해야만 먼 은하에서 오는 빛의 적색편이 현상으로부터 예측되는 우주의 가속 팽창을 설명할 수 있다고 한다.[*26] 암흑물질이 우주의 팽창을 억제한다면, 암흑에너지는 우주의 팽창을 촉진한다는 것이다.

암흑물질은 은하에서 멀리 떨어져 공전하는 별의 궤도속도가 뉴턴의 중력이론 또는 아인슈타인의 일반 상대성이론으로 예측되는 것보다 빨라 도입된 개념이다.[*27] 중력장의 예측치보다 속도가 빠르면 원심력에 의해 당연히 공전궤도에서 이탈해야하는데 그렇지 않다는 것이다. 따라서 중력장에서 필요한 질량을 관측질량에 더해 중력장의 예측치와 맞추어야하는데 이것이 바로 암흑물질이 가지는 질량이다. 엔트로피적 중력 이론은 관찰되지 않아 암흑물질로 해석되는 것은 실제로 양자

*25 이를 슈바르츠실트 블랙홀이라 하며 이것에 대한 모순을 3.7에서 상세히 다룬다.

*26 dark energy, 4.3절 상세내용 참조

*27 dark matter, 4.2절 상세내용 참조

효과의 산물로서 기저상태의 진공에 에너지를 부여한 양의 암흑 에너지의 형태로 간주할 수 있다고 설명한다.[32] 이러한 예측이나 해석에도 암흑물질은 아직 발견된 적이 없으며 지금까지는 단지 중력이론의 모순을 메우기 위한 방편일 뿐일 것으로 추정된다.

이처럼 뉴턴의 중력이론과 특수 상대성이론을 아우르는 아인슈타인의 일반상대성 이론은 다양한 우주현상을 잘 설명하고 있으며 블랙홀, 암흑물질, 암흑에너지 등 기이한 현상을 예측한다. 이들을 모두 우리가 느끼지 못했던 새로운 물리현상이다. 이런 예측이 모두 들어맞을지는 두고 볼 일이지만 아직 더 큰 숙제가 남아있다. 그것은 일반상대성 원리와 양자역학은 양립할 수 없다는 사실이다.[33] 양자장 이론에서 가상의 광자 교환으로 전자기력을 표현하듯이 중력을 가상의 중력자를 통하여 묘사할 수 없다.[34] 이 경우 거시적으로는 고전물리나 일반상대성 원리와 일치하지만 플랑크 길이(Planck length, $\sim 10^{-35}$ m)[*28] 정도의 매우 미시적인 영역에서 맞지 않기 때문이다. 새로운 양자역학이나 중력이론 또는 융합이론이 필요하다.

루프 양자중력(Loop quantum gravity, LQG)이론은 융합이론의 하나의 예이다. 양자역학과 일반상대성 원리를 합병하는 이론의 일종이다. 강력, 전자기력, 약력 등의 다른 3가지 기본 힘을 다루는 이론적 얼개에 중력을 통합하기 위해 상대성이론에서 출발하여 양자역학의 특

---

*28 1899년 막스 플랑크가 플랑크 상수 h, 중력상수 G, 빛의 속도 c로부터 유도한 자연계의 기본단위 중 하나이다. $l_p = \sqrt{hG/2\pi c^3}$로 주어지며 정확한 값은 $1.616229(38) \times 10^{-34}$ m이다. 플랑크 상수는 광자의 에너지를 진동수에 연결하는 상수로서 광자 에너지는 플랑크 상수와 진동수의 곱으로 주어진다. 값은 $6.626070150(81) \times 10^{-34}$ J · s이다.

성을 더한다. 비슷한 이론인 끈 이론은 양자장 이론에 중력을 더한 것이다. 양자역학에서의 에너지와 운동량과 마찬가지로 루프 양자중력은 아인슈타인의 시공간의 기하학 구성에 기초한 양자론을 개발하는 것이다. 양자역학에서 광자나 원자 에너지 준위와 같이 시공간을 양자화 또는 입자화한다. 공간을 양자화하기 위해 최소거리가 존재한다. 이것이 플랑크 길이이며 이보다 작은 길이는 존재하지 않는다. 공간자체가 원자구조를 닮은 것이다.[35] 이 이론을 포함한 새로운 이론들은 진공이라는 공간에 대한 개념의 폭을 넓히고 있지만 아직 양자역학과 일반상대성 이론을 아우를만한 통 큰 이론으로 발전하지 못하고 있다. "모든 것의 이론, Theory of Everything"의 출현은 아직 먼 이야기라고 할 수 있다.

제 2 장

중력의 기원

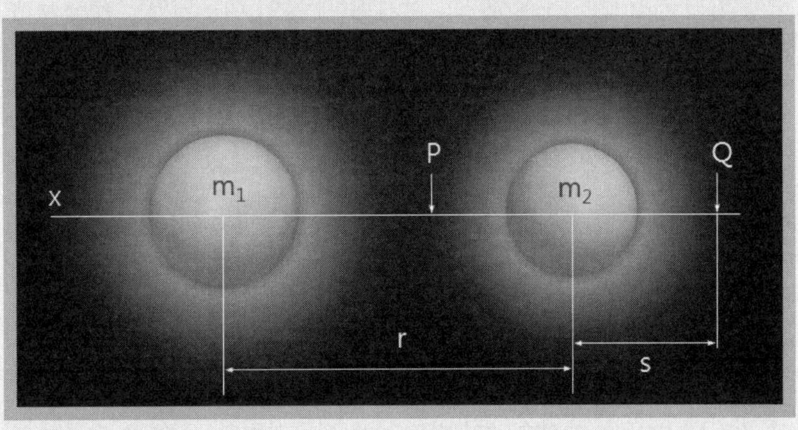

진공매질 속의 물체는 그 물체의 질량만큼 진공매질을 왜곡하고 이 왜곡의 정도는 점대칭적으로 물체의 중심에서 멀어질수록 감소한다. 구형의 물체 m_1 근처에 있는 m_2는 m_1에 의한 영향으로 자체의 진공매질의 왜곡상태가 비대칭이 된다. m_2 중심에서 동일한 거리에 있는 두 점(P, Q) 사이에 진공매질 왜곡의 정도가 차이가 나고 물체는 왜곡이 심한 쪽(P)으로 움직인다. 이것이 관성의 법칙이다. 한편 m_2가 m_1 쪽으로 움직일수록 왜곡의 차이는 심해지며 따라서 m_2는 m_1 쪽으로 가속한다. 이것이 중력의 기원이다.

2.1. 매우 단단한 매질로 가득한 우주공간

상당히 오래전까지 진공은 말 그대로 아무 것도 없는 無 그 자체였다. 진공이 정말 아무것도 없는 것일까 하는 의문은 빛의 성질에 대한 논쟁 중에 빛의 파동설이 우세하다고 여겨질 때 많이 대두되었던 것으로 보인다. 빛이 파동이라면 빛을 전파하는 매질이 존재해야한다는 추론이 있었지만, 마이컬슨-몰리 실험으로 그 존재가 부정되었다. 이후 빛 에너지가 양자화되었다는 빛의 이중성이 밝혀지는 과정에서 빛의 전파 매질에 대한 논의가 사라졌다. 하지만 진공에 에너지가 있을 수 있다는 논의는 아인슈타인이 제공하기도 하였는데, 제1장에서 언급하였듯이 중력 때문에 필연적으로 수축할 우주가 수축하지 않기 위해서는 필요한 에너지가 존재해야한다. 아인슈타인은 이것을 “우주상수”라 하였고 1916년 발표한 아인슈타인 방정식에 포함시켰다. 실제로 진공에 에너지가 있다는 것은 캐시미르 효과(Casimir effect), 자연 발광(spontaneous emission), 램 이동(Lamb shift) 등의 관찰결과로 확인되고 있다.

진공에도 에너지가 있다?

그림 13과 같이 거리가 아주 짧은 평행 금속판 사이에 가상의 광자는 정상파(定常波)*29일 때만 존재할 수 있기 때문에 진공에서 1cc의 판 내에는 판 밖의 광자수보다 적다. 이런 차이로 인하여 압력이 판에 미친다. 이것이 캐시미르 효과이다.[36] 이 힘은 매우 작지만 간격이 몇 나노

*29 영어로 standing wave라 하며 파동이 이동하지 않고 제자리에서만 진동하는 파동이다.

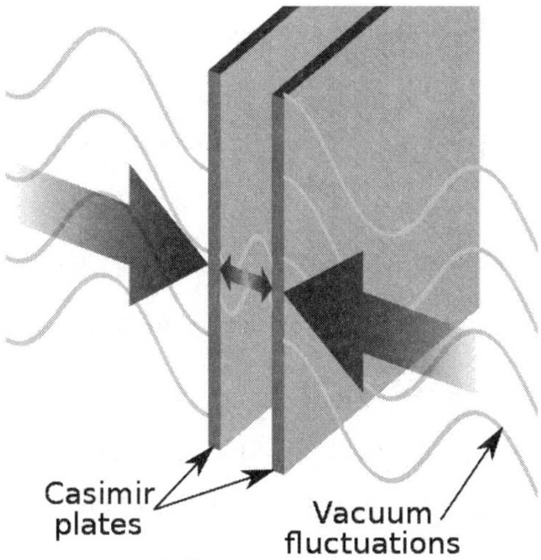

그림 13. 캐시미르 효과

(nanometer) 금속판에서 측정되었고 이로서 하이젠베르크의 불확정성 원리[*30]에 의하여 진공이 에너지 측면에서 요동한다는 양자요동[*31]은 실존하는 것으로 판명되었다.

자연 발광 또는 방출(spontaneous emission)은 하나의 양자역학계(원자, 분자, 미립자)가 들뜬상태에서 기저상태로의 전이과정에서 광자의 형태로 양자를 방출하는 과정이다. 자연 방출은 모든 빛의 근원이다.

*30 독일의 물리학자 Werner Karl Heisenberg(1901. 12～1976. 2, 1932년 노벨물리학상 수상)가 발견한 원리로 서로 연관된 두 물리량을 동시에 측정할 때, 둘 사이의 정확도에는 물리적 한계가 있다. 예로 입자의 위치와 운동량을 동시에 측정할 수 없다. 위치의 정확도가 높아질수록 운동량의 정확도는 낮아진다.

*31 (quantum fluctuation) 하이젠베르크의 불확정원리에 의거 공간의 한 점에서의 일시적인 에너지 변화이다. 이 과정으로 입자-반입자(예, 전자-양전자) 쌍이 형성된다.

레이저는 유도 방출(stimulated emission)을 이용하는 장치이지만 구동은 자연 방출을 이용한다. 자연 방출은 양자역학의 한 과정으로 전자기장의 영점에너지의 관점에서 설명된다.[37] 양자광학(quantum optics)의 한 이론인 제인스-커밍스(Jaynes-Cummings) 모델[38]에서는 자연 발광은 두 가지 양자 상태를 가진 하나의 원자와 광학적으로 양자화된 진공과의 상호작용으로 설명된다. 이때 광자의 방출 속도는 주위 진공의 경계조건에 따라 제어될 수 있다.

한편 램 이동(Lamb shift)[39]은 디랙 방정식[*32]에서 동일한 에너지를 가지는 수소원자의 두 에너지 준위에서의 미세한 차이를 말한다. 양자요동과 수소의 전자와의 상호작용이 램 이동의 원인이다. 이 효과는 1947년 수소 마이크로파 분광에 대한 램-레더포드 실험[*33]에서 확인되었다.[40]

우주상수로 대표되는 진공 에너지, 즉 영점에너지(zero point energy)는 10^{-9}J/m^3 정도[41]의 아주 미미한 양이다. 이와는 반대로 양자 전기

---

*32 Dirac 方程式. 1928년에 폴 디랙(Paul Dirac, 1902. 9~1984. 10) 이 발표한 이론으로 전자와 같이 스핀이 $\frac{1}{2}$인 페르미 입자를 나타내는 상대론적 양자 파동 방정식이다. 디랙은 이 방정식으로 전자의 거동을 기술하였고 방정식의 거울 대칭성에 의거 반입자인 양전자의 존재를 예측하였다. 1932년에 미국 물리학자인 앤더슨(Cahl David Anderson, 1905. 9~1991. 1)이 양전자를 발견함으로써 실험적으로 검증되었다. 디랙은 이러한 "원자 이론의 새로운 형식"을 발견한 공로로 1933년 슈뢰딩거와 함께 노벨물리학상을 수상하였다. 앤더슨 또한 양전자를 발견한 공로로 1936년 노벨 물리학상을 수상하였다.

*33 램-레더포드(Lamb-Retherford) 실험으로 윌리스 램(Willis Lamb, 1913. 7~2008. 5, 미국 물리학자)은 1955년 노벨 물리학상을 받았다.

역학[42,*34]과 확률론적 전기역학이론[43,*35] 이론은 진공이 가진 에너지는 10^{113} J/m^{3}로 상상할 수 없을 정도로 클 수도 있다고 한다.[44] 이 값을 아인슈타인의 에너지-질량 등가식인 $E=mc^2$으로부터 환산하면, 진공의 밀도는 5.16×10^{94} g/cm^{3}이 된다. 이 값은 플랑크 밀도[45]라 하며 양성자 부피 9.66×10^{-39} cm^3 및 질량 1.672×10^{-27} kg으로부터 환산된 양성자의 밀도 1.73×10^{15} g/cm^{3}에 비교해서라도 매우 큰 값임을 알 수 있다.

새로운 진공 패러다임

결론적으로 진공은 아무것도 없는 "無"의 상태는 아닌 것이다. 에너지 또는 질량이 있다. 하지만 실험적으로 측정 또는 관찰되거나 이론적으로 예측되는 진공에너지 값의 차이가 너무 크다($\sim10^{122}$). 이를 물리학계에서는 우주상수 문제 또는 "진공대재앙(vacuum catastrophe)"이라 칭하고 있다. 아직 이 차이를 극복할 발견이나 만족할만한 이론은 없다.

---

*34 (quantum electrodynamics) 입자물리에서 양자전기역학은 전기역학의 상대론적 양자장 이론이다. 이 이론은 빛과 물질이 어떻게 상호작용하는 것을 설명하며 최초로 양자역학과 특수상대성 이론을 완전히 일치시킨 이론이다. 이 이론은 광자를 교환함으로써 상호작용하는 전하입자가 관여하는 모든 현상을 수학적으로 설명한다. 전자기적인 양자 진공의 섭동(요동)이론이라 할 수 있으며 전자의 비정상적인 자기모멘트와 수소 에너지 준위의 램 이동을 매우 정확히 계산할 수 있다.

*35 (stochastic electrodynamics) 확률론적 전기역학. 절대온도 0도에서 진공에 포함된 전자기 에너지를 무작위로 펄럭이는 영점에너지로 묘사한다. 이러한 무작위적인 영점에너지 요동 속에서 입자의 운동은 매우 비선형적이며 무질서하고 돌출적이다. 이 이론에서는 파동과 입자의 양자 특성은 이러한 비선형적인 물질-진공의 상호작용에 기인하는 돌출적인 효과로 파악한다. 따라서 양자역학이론은 비선형 확률론적 전자기이론에 포함되는 특수한 경우로서 비국소적인 신호송출이 가능하고 불확정성 원리도 깨진다. 이 이론에서 관성 또한 이러한 돌발적인 법칙의 하나이다.

너무 큰 진공에너지를 측정할 수도 없다. 여기서 상상을 해보자. 진공밀도가 이론적으로 매우 높은 것은 진공이 매우 단단한 고체매질로 채워져 있기 때문이고 이 매질을 통해 빛이 전파하며 바닥상태에서 아주 미미한 에너지(기본 에너지)를 가진다고 하자. 이 경우 우주상수 문제가 해결되고 진공대재앙이 없어진다. 우리가 보고 느끼는 모든 우주현상은 진공매질 안에서 일어나고 이 진공매질은 우주상수 만큼 기본(최소) 에너지를 가지고 있는 것이다. 진공매질의 밀도는 우주현상을 야기하는 에너지로 변환할 수 없는 진공의 절대밀도이다. 이것이 진공에 대한 새로운 패러다임이며 다음과 같은 구체적인 전제조건을 갖는다.

첫째, 진공은 매우 높은 밀도의 (중성)매질로 채워져 있으며[*36] 에너지로 변환되지 않는다. 이 진공매질은 중성의 입자가 격자를 이루고 있다고 가정한다. 이러한 격자구조는 결정구조 중에서 가장 조밀한 면심입방격자(Face centered cubic lattice, fcc) 또는 조밀육방격자(Hexagonal Close Packed, hcp)를 가진 것을 상정할 수 있다. 이들 격자는 **그림 14**와 같이 구형의 입자가 규칙적으로 공간을 채울 때 가장 충전율(74%)이 높고 에너지 측면에서 가장 안정하다. 이 구조에 변형을 가하거나 와해시키려면 그 어떤 다른 구조보다 많은 에너지를 투입해야한다.

둘째, 이 진공매질에 (충분한) 에너지가 가해지면 (양자요동으로 입자-반 입자쌍이 생성하듯이) 전자와 양전자가 생겨나고 이 양전자가

*36 물질이라 칭하지 않고 매질이라 하는 것은 우주의 물질과 구분하기 위해서이다.

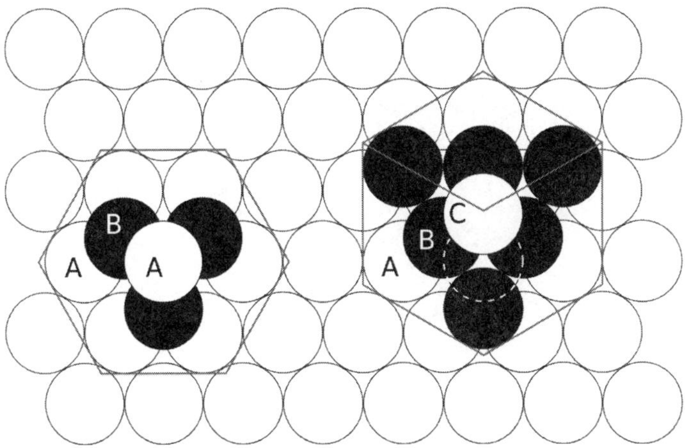

그림 14. hcp (좌) 및 fcc 격자 (우). 각각의 기본 격자의 외곽선을 직선으로 표시. 영문자는 구성 입자의 위치는 나타낸다. hcp에서는 A-B-A-B-A-B로 구성되며 fcc에서는 A-B-C-A-B-C로 적층된다.

진공격자에 포획되어 양성자가 되며, 전자와 양성자의 조합으로 원자, 원자의 조합으로 분자를 구성한다. 즉, 진공매질에 에너지가 입혀지면 우리가 인지할 수 있는 물질이 된다.

셋째, 전자가 양성자에 포획되어 일정거리를 유지함으로써 양성자와 전자 사이의 진공매질의 공간을 왜곡한다. **그림 15**와 같이 수소의 전자는 양성자 주변에서 존재(진동 또는 회전)함으로써 일정거리를 유지한다. (물론 양성자 자체로 이미 진공매질을 왜곡한 상태이다.) 양성자와 전자가 진공매질을 밀어나거나(팽창) 변형을 가한다. 마치 이것은 고무로 구성된 물질 속에 고압가스를 불어넣어 어떤 형태의 모양을 형성하는 것과 같은 이치이다. 이것이 바로 우리가 알고 있는 물질이다. 물질의 온도가 높아지면, 즉 에너지가 가해지면 부피가 팽창하는 이치

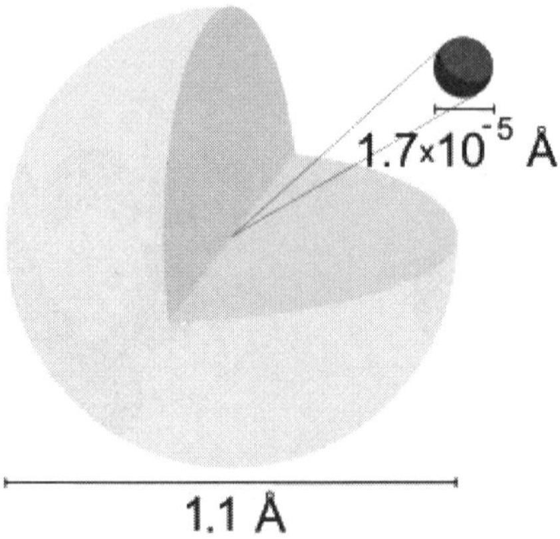

그림 15. 수소 원자 모델

와 유사하다고 할 수 있다.

새로운 진공 패러다임에 의하면 우리가 보고 느끼는 모든 물질은 진공매질에 에너지가 가해진 복합체이다. 즉 "물질=진공매질+에너지"이다. 이런 복합체의 구조가 달라지거나 구성 입자간의 결합상태가 달라지면 물질의 질량이 달라지는 것은 당연하다. 실제로 핵분열이나 핵융합과정에서 전하량이나 구성 입자인 중성자/양성자의 숫자가 변하지 않지만 질량결손이 발생한다. 진공매질에 대한 왜곡상태가 달라지기 때문이다. **그림 16**을 참조하면, 우라늄(U92/235)의 핵이 분열할 때 중성자와의 충돌로 우라늄은 Kr(36/92)와 Ba(56/141)로 분해되고 추가로 2개의 중성자가 생긴다. 중성자수의 변화는 충돌 전 1(충돌 중성자)+235(우라늄 중성자)=236에서 92(Kr중성자)+141(Ba 중성자)+3(생성 중성자)=236으로 변화가 없다. 양성자 수도 마찬가지이다. 반

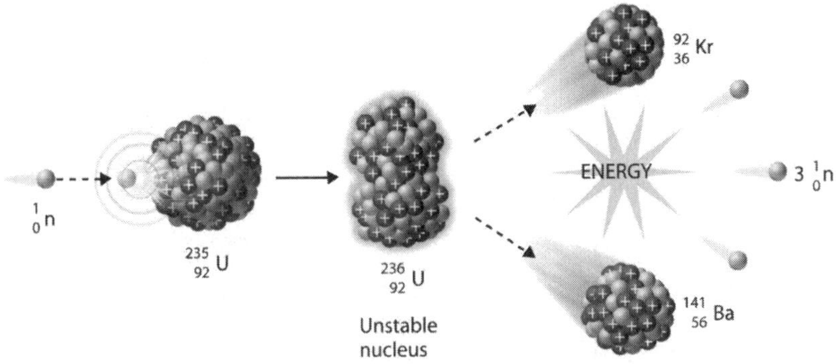

그림 16. 중성자에 의한 우라늄 핵분열

응 전후의 구성입자가의 결합에너지 변화에 따른 질량결손이 발생하였다.

궁극적으로는 우주에서 다양한 원소는 수소에서 파생되었다. 양성자와 전자가 합쳐서 중성자가 되며 하나의 양성자와 중성자가 한 쌍의 빌딩블록이 되어 헬륨과 그 이상의 원자들을 만들어 낸다.*37 두 개의 중성자를 가진 헬륨은 매우 안정하다. 헬륨의 중성자는 양성자와 전자가 가진 에너지를 방출한 상태이며 에너지가 매우 낮은 진공매질의 구조를 암시한다고 할 수 있다. 하지만 입자물리 이론에서는 중성자나 양성자는 물질을 구성하는 기본 입자가 아니며, 쿼크와 같은 보다 기본적인 입자가 존재한다. 이러한 기본입자는 대부분 에너지가 매우 높은 상태에서 생성되고 수명이 매우 짧은 것으로 에너지가 없거나 미미한 진공매

*37 **그림 42**에 태양 내부의 수소로부터 헬륨이 생성하는 핵융합 과정을 참조하면, 양성자에서 양전자가 이탈하여 중성자가 생기는 것으로 묘사되어있다. 이 양전자는 수소의 전자와 결합하여 감마선이라는 빛으로 없어진다. 결과적으로 양성자와 전자로부터 중성자가 생성되는 것이다.

질을 구성하는 요소가 될 수 없다. 물질의 기본단위라 하더라도 에너지가 없는 입자가 없기 때문에 에너지가 아주 미미한 진공격자를 구성하는 기본 입자로 중성의 격자점을 상정할 수 있다. 이 중성격자에 양전자가 입혀지면 양성자가 되고 양성자에 전자가 입혀지면 수소원자가 되며 수소원자의 전자가 양성자와 합쳐지는 과정에서 높은 에너지를 가진 중성자가 생성되고 이 중성자의 에너지가 바닥이 나면 진공매질의 중성격자가 된다. 이것이 새로운 패러다임에서의 에너지 순환이다.

2.2. 빛은 진공매질의 떨림이다

물질 내에서 빛을 포함한 모든 전자기파의 이동 속도는 진공매질 내에서보다 느리다. 따라서 굴절률*38은 항상 1보다 크다.[46] 빛은 **그림 1**과 같이 전기장과 자기장이 서로 수직으로 교차하면서 진공 속을 파동형태로 이동한다. 이동 속도가 다르다 함은 진공매질의 밀도가 물질의 밀도와 다를 수 있음을 의미한다. 우리는 앞서 우주의 대부분을 차지하는 진공은 매우 밀도가 높은 매질로 채워져 있다고 하였다. 새로운 진공 패러다임에 의하면 빛은 아무 것도 없는 공간을 전파하는 것이 아니라 밀도가 매우 높은 매질에 의지하여 전파하는 것이다. 매질을 통한 전파속도는 매질자체의 물성에 의해 결정되기 때문에 중력의 영향이 없는 관성계에서의 빛은 초당 300,000km를 움직이며, 그 이상이나 그 이하도 아님을 이해할 수 있다. 이러한 매질의 특성 때문에 당연히 빛보다 빠

*38 refractive index, 진공에서의 빛의 속도를 물질 내에서의 속도로 나눈 값.

른 입자(또는 파동)는 존재할 수가 없을 것이다. 그럼 빛의 속도가 초당 300,000km인 것을 가능하게 하는 진공의 매질의 물성은 어떻게 알 수 있을까? 먼저 음파의 경우를 살펴보자. 음파는 공기나 액체에서도 전파되지만 고체에서도 전파된다.

고체매질에서 음파의 전달특성

고체 내에서의 음파는 부피변형(압축)과 전단변형(층밀리기)에 의한 것으로서 압력파(종파)와 전단파(횡파)로 나뉜다. 균질한 3차원 고체를 통한 음파의 속도는 다음과 같다.[47]

$$\text{압력파:}\quad v_p = \sqrt{\frac{3K+4G}{3\rho}} = \sqrt{\frac{Y(1-\nu)}{\rho(1+\nu)(1-2\nu)}} \tag{2.1}$$

$$\text{전단파:}\quad v_s = \sqrt{\frac{G}{\rho}} \tag{2.2}$$

여기서 K는 부피탄성계수(**그림 17** 참조), G는 전단탄성계수(**그림 18** 참조), Y는 인장탄성계수(Young's modulus), ρ는 질량밀도, ν는 푸아송 비*39이다. Y=3K(1-2ν)로 표시된다. (2.1)식과 (2.2)식에서 압력파의 속도

*39 푸아송 비(Poisson's ratio)는 재료가 외력의 영향으로 그 외력의 방향으로 늘어날 때 인장방향의 변형률과 이와 수직한 방향에서의 변형률 사이의 비율을 나타낸다. 대부분의 재료는 0.2에서 0.3의 값을 가지며 콘크리트는 0.1~0.2, 코르크는 거의 0에 가까운 값을 갖는다. 외부 압력에 대해 부피가 변하지 않는 완전 비압축성 재료는 이론적인 최대치 0.5를 갖는다.

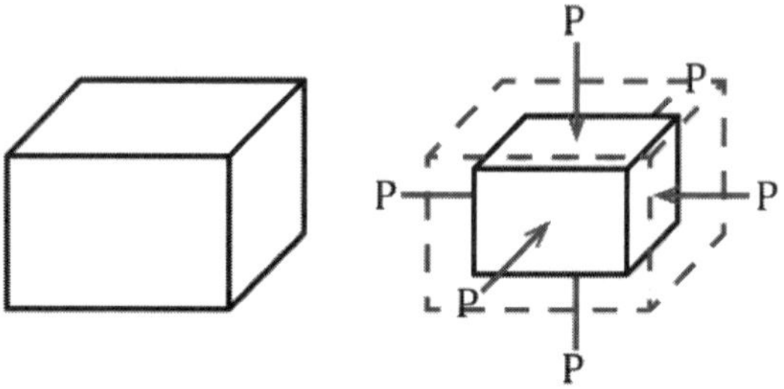

그림 17. 부피탄성계수(bulk modulus) *K*는 외부의 균일한 압력(*dP*)에 대한 부피변형률(*dV*/*V*)의 비율이다.

$$K = -\frac{dP}{dV/V}$$

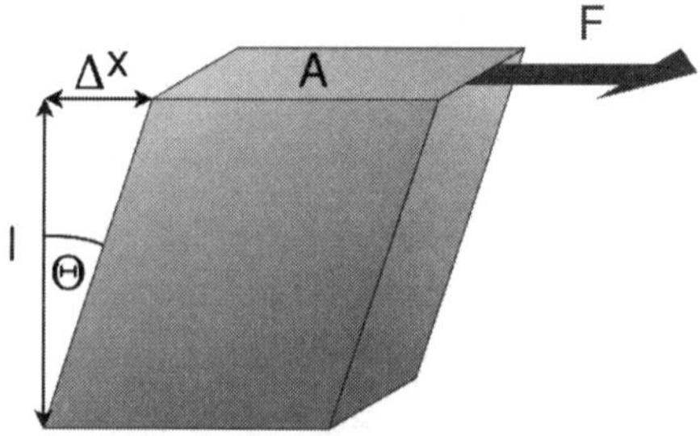

그림 18. 전단탄성계수(Shear modulus) G는 전단 응력(τ)과 전단 변형도(γ)의 비율이다.

$$G \equiv \frac{\tau}{\gamma} = \frac{F/A}{\Delta x/l}$$

는 재료의 압력 및 전단변형특성에 의존하지만 전단파는 전단변형특성에만 의존하는 것을 알 수 있다.

보통 압력파는 전단파보다 빠르다. 이 때문에 지진이 나면 상하 진동이 먼저 발생하고 이후에 좌우 진동이 발생한다. 합금의 경우 K=170GPa, G=80GPa, ρ=7,700 kg/m^{3}이다. 이 값을 (2.1)과 (2.2)식에 대입하면 압력파의 속도는 초당 6,000m[48] (측정값은 초당 5,930m)[49]이고 전단파는 초당 3,200m로 계산된다. 한편 긴 막대기를 통한 음파는 1차원 고체의 음파로 간주할 수 있으며 이때의 압력파의 속도는 다음과 같다.

$$v_p = \sqrt{\frac{Y}{\rho}} \tag{2.3}$$

긴 막대기를 통한 압력파의 속도는 항상 균질한 3차원 고체를 통한 압력파의 속도보다 낮으며 그 차이는 재료의 푸아송 비에 의존한다.

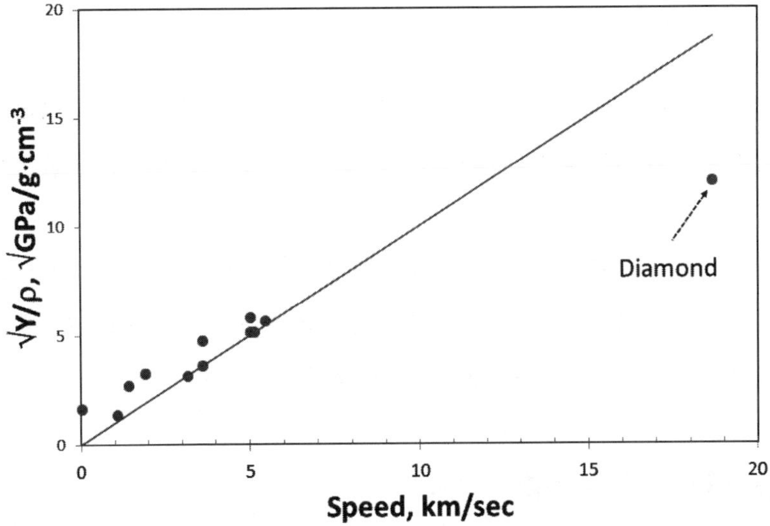

그림 19. 고체매질 특성에 따른 음파속도. 실선은 (2.3)에 의한 계산과 측정값이 동일한 경우이다.

표 2. 측정된 고체의 음속과 (2.3)식에 의한 이론값

	speed km/sec	density g/cm³	GPa Modulus	$\sqrt{\frac{Y}{\rho}}$
Diamond	12	3.5	1220	18.67
Pyres glass	5.64	2.23	67	5.481
Steel(long)	5.79	7.82	200	5.057
Steel(trans)	3.1	7.82	80	3.198
iron	5.13	7.89	210	5.159
Aluminum	5.1	2.7	69	5.055
Brass	4.7	8.48	112	3.634
Copper	3.56	8.79	117	3.648
Gold	3.24	19.29	74	1.959
Lucite	2.68	1.18	2.5	1.456
Lead	1.322	11.35	13.8	1.103
Rubber	1.6	1	0.0025	0.05

그림 19와 표 2는 음파의 속도와 매질의 특성과의 상관성을 나타낸 것으로서 대부분의 고체는 (2.3)식을 만족지만 대체로 계산된 음속이 실제 음속보다 높다. 다이아몬드는 음파의 속도가 가장 빠른 물질로 알려져 있는데, 그림 19와 같이 타 고체매질에 비해 (2.3)식에 의한 계산값이 실제 음속보다 낮다. 빛의 속도는 음파의 속도가 가장 빠른 다이아몬드의 값~12km/sec보다 30,000배 이상임 알 수 있다.

음파와 빛의 유사성

빛의 이동이 그림 1과 같다고 한다면 압력파이기 보다는 전단파라고 할

수 있다. 전단파의 경우 (2.2)식을 적용할 수 있다. (2.2)식에서 속도를 빛의 속도로 대체하면 진공매질의 물성을 유추할 수 있다. 진공매질의 밀도를 플랑크 밀도 5.16×10^{94} g/cm^{3}라고 한다면 (2.2)식으로부터 진공매질의 전단탄성계수는 4.64×10^{100} GPa로 계산된다. 이것을 플랑크 전단탄성계수라 칭할 만하다. 물론 음파와 빛의 매질은 다르기 때문에 이 값을 진공매질의 물성을 나타내는 물리 값으로 사용할 수는 없다. 다만, **그림** 19로부터 전파속도가 크면 물질의 밀도와 탄성계수가 크다는 사실로부터 빛을 전파하는 진공 매질의 물성이 우리 물질의 물성과 매우 다름을 유추할 수 있다.

여기서 우리는 아인슈타인의 에너지-질량 등가식과 음파의 고체 내 전파속도식의 유사성에 주목한다. 등가식에 의한 빛의 속도 c는 다음과 같다.

$$c = \sqrt{\frac{E}{m}} = \sqrt{\frac{E/V}{\rho}} \tag{2.4}$$

ρ는 m/V로 진공매질의 밀도라 하고 이 식과 (2.2)식을 동일하게 본다면 E/V=G이다. 따라서 에너지-질량 등가원리라는 것은 단지 **빛의 전파 속도식**이고 이것은 진공매질의 떨림에 의한 것이라고 할 수 있다. 그런데 진공매질의 떨림은 전하(전자기파)에 의한 것뿐일까? 진공매질을 구성하는 것 중에서 전하가 없는 떨림은 없는 것일까? 중성미자는 빛과 동일한 속도로 움직이지만 그 떨림은 물질이 느끼지 못한다. 이런 의미에서 중성미자는 진공매질의 압력파이고 빛은 전단파로 생각할 수 있다.

두 종류의 떨림의 속도가 동일하므로 (2.1)식과 (2.2)식을 동일하게 놓으면 다음과 같이 부피탄성계수와 전단탄성계수와의 관계식을 구할 수 있다.

$$3K = -G \tag{2.5}$$

부피탄성계수가 음의 값을 갖는다!! 음의 부피탄성계수는 열역학적으로 불가능하며 **그림 17**에서도 명백히 알 수 있다. 외압이 가해지면 부피가 줄어들어야 하는데 오히려 부피가 늘어나는 것은 있을 수 없는 일이다. 열역학적으로는 부피탄성계수는 양의 값이어야 하지만 음의 부피탄성계수가 나타나는 경우가 있다. 미리 변형이 가해진 스티로폼과 같은 발포된 플라스틱 재료에서 음의 값이 측정된다.[50] 음의 부피탄성계수는 결정 구조의 변화 등의 상변태 상황에서 부피변화가 있을 경우에도 나타날 수 있다.[51] 특수한 상황인 것이다. 흥미로운 것은 4.3절에서 설명되고 있지만 암흑에너지가 "음압"으로 작용하기 때문에 우주가 가속 팽창한다고 한다. 열역학적으로 공간이 팽창하면, 외부에 대해 일을 하기 때문에 에너지는 감소한다. 하지만 우주상수로 표현되는 암흑에너지는 팽창한 부피만큼 증가하기 때문에 압력은 음압이 되는 것이다. 이 경우 음의 부피탄성계수를 얻을 수 있다. 진공매질은 음의 부피탄성계수를 가진 것인가?

2.3. 고호가 바라본 밤하늘

네덜란드의 위대한 후기인상파 화가, 빈센트 반 고호[*40]를 아마도 모르는 사람으로 거의 없을 것이다. 고호가 남긴 900여 점의 그림 중에 "별이 빛나는 밤(그림 20)"은 서구 문화사에서 길이 남을 걸작으로 평가된

그림 20. 고호가 1889년 6월에 그린 "별이 빛나는 밤(the Starry Night)". 1941년부터 뉴욕에 있는 현대미술박물관에 영구 소장되어있다.

*40 Vincent van Gogh(1853. 3~1890. 7).

다.[52] 이 그림은 고호가 생을 마감하기 전에 머물렀던 상-래미-드-프로방스(Saint-Remy-de-Provence) 병원의 자신의 방에서 해뜨기 직전에 바라본 하늘과 마을을 묘사하고 있다. 새벽하늘의 별이 기이하다. 밤하늘이 무언가로 가득하며 별무리가 별들 사이에서 결을 따라 흐르는 듯하다. 고호는 진공과 중력의 비밀을 알고 있었던 것일까? 별 주위에 진공매질이 어떻게 왜곡되고 거동하는 것을 잘 묘사하고 있는 것처럼 느껴진다.

진공매질의 왜곡

우리의 진공은 고호의 그림과 같이 매우 밀도가 높은 물질로 가득하다. 우리가 알고 있는 물질은 이러한 진공매질에 에너지가 더해져 원자들이 생성되었고 원자들이 여러 반응을 거쳐 다른 원자 또는 분자로 바뀐다. 원자는 에너지를 가진 양성자와 전자가 주변의 진공매질을 왜곡하여(양성자와 전자가 가진 에너지만큼의) 주위의 진공매질에 응력을 가한다. **그림 21**에 가상적인 왜곡상태(방사선 방향과 x축 방향에서의 왜곡을 표시)를 나타내었다. 이것은 **그림 11**과 같이 물질 주위에서 아인슈타인의 시공간이 왜곡된다는 개념과 아주 유사하며 **그림 20**의 고호의 별 그림과도 유사하다. 우리의 진공매질과 물질(원자 및 분자)의 개념으로 아인슈타인의 시공간 왜곡을 쉽게 이해할 수 있다. 그것은 괴이한 시공간 왜곡이 아니고 진공매질과 에너지의 상호작용의 결과이다.

아인슈타인에 의한 시공간 왜곡의 정도가 중력이 크기를 반영하는 것이라면, 이러한 중력을 새로운 진공 패러다임에서는 어떻게 해석할

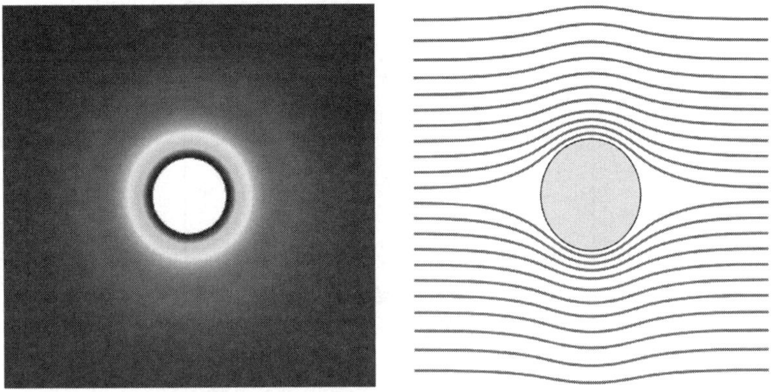

(a) (b)

그림 21. (a) 진공매질 내 구형물체 주위 응력상태. 구에 가까울수록 압축응력이 크다.
(b) x축 방향에서의 구형물체 주위의 가상의 응력분포

수 있을까? **그림 21**과 같이 응력이 없는 우주공간에(여기서는 편의상 2차원 공간이다) 질량이 m_1인 구형의 물체가 삽입되었다고 가정한다. 우주공간의 진공매질의 밀도(플랑크 밀도라고 한다면)와 실제 우리가 알고 있는 물질(우주물질)의 밀도와는 엄청난 차이가 있기 때문에 삽입된 물체의 밀도는 거의 0이라 가정할 수 있다. 좀 쉽게 이해하자면, 고무로 된 부피가 무한대인 물질 내에 일정 부피만큼 기체를 불어넣는 것과 유사하게 생각할 수 있다. 응력과 변형이 없는 물질 내에 다른 종류의 물질이 유입되어 기존의 물질을 밀어내면, 진공매질은 변형되며 따라서 **그림 21**과 같이 응력(또는 변형)이 발생한다. 삽입된 물질의 표면과 평행방향으로 인장응력이 걸릴 것이며 물체의 중심으로부터 방사선방향으로는 (표면과 수직한 방향) 압축응력이 걸릴 것이다. 아인슈타인의 시공간 왜곡과 유사한 상태이다.

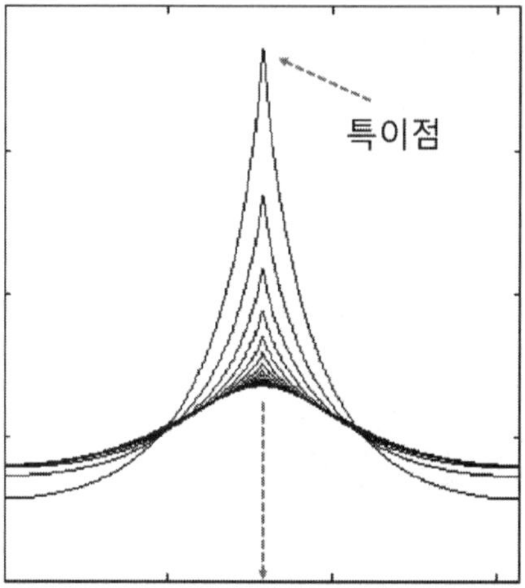

그림 22. 진공매질 속에 놓인 구형의 물체내부의 응력 분포

진공매질에 삽입된 물질은 주변 진공매질을 어느 정도 변형시킬 것일까? 기존의 탄성론에 의거 계산해보면 진공매질이 **그림 21**과 같이 구형으로 부풀어질 경우 주위에 형성하는 반경방향의 변형은 거리의 제곱 $1/r^2$에 반비례한다.[*41] (1.5)식의 뉴턴의 중력식과 비교해보면 진공매질의 변형이 중력이라는 힘의 근원임을 추정할 수 있다. 그런데 구형의 물질이 고체라고하면 이 변형에 상응하는 압력이 물질 내부에 형성할 것이고 **그림 22**와 같이 중심은 압력이 무한대가 되는 특이점이 존재할 것이다. 중심부가 빈 공간이거나 액체로 구성되면 이 특이점은 형성되지 않을 것이다.

*41 탄성론에 기반하여 계산하기 위해서는 3개의 평형방정식, 12개의 응력-변형방정식이 필요하다. 상세한 계산내용은 이 책에서 생략한다.

진공물질의 왜곡이 중력의 기원인가?

이번에는 **그림 22**와 같이 질량이 m_2인 제2의 구형물체가 제1의 물체의 중심점에서 r(제1물체의 중심과 제2의 물체의 중심간 거리)만큼 떨어진 곳에 존재한다고 가정하자. 그리고 두 물체의 중심점을 연결하는 선을 x축이라한다. 이 x축 상의 두 물체사이에 있는 임의의 점을 P라 할 때, P점에서는 제 1물체에 의한 진공매질의 왜곡과 제 2물체에 의한 왜곡이 겹친다. 논의를 좀 더 단순화하여 두 물체의 크기가 동일하며 P점이 두 물체의 정 중간에 있다고 가정하자. 이 점에서의 x축 방향의 (압축) 응력은 서로 상쇄되고 x축과 수직한 방향(y 축이라 하자)에는 인장응력이 더해져 두 배가 될 것이다. 전체적으로 두 개의 물체 사이의 모든 점을 모두 합하면 x축 방향으로의 압축응력은 상쇄되고 y축 방향의 응력은 배가된다. (두 물체의 크기가 다르다고 하더라도 x축 방향의 압축응력은 일부 상쇄되고 y축 방향의 인장응력은 서로 더해진다.) 기초 탄성

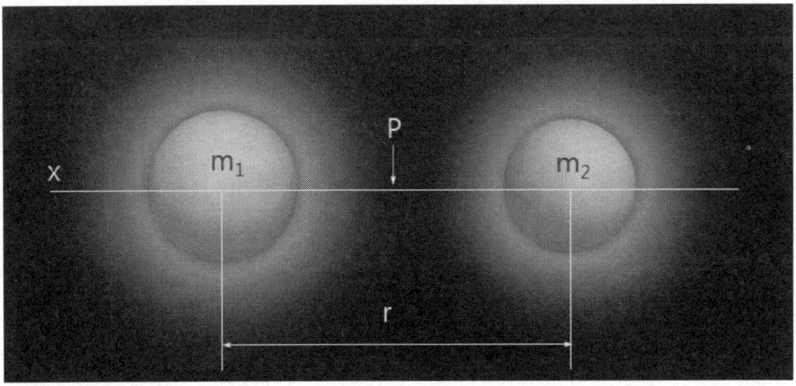

그림 23. 서로 인접한 2개의 구형의 물체

론에서 y축이 인장되면, x축 방향으로 축소하려는 힘이 작용하며, 물체 1과 물체 2는 서로 이끌리게 된다. 이것이 바로 중력이라는 인력의 실체이고 지금까지 알려진 중력은 다름 아닌 진공매질의 왜곡으로부터 발생하는 힘이라고 할 수 있지 않을까? 그런데 여기서 하나의 의문이 생긴다. 두 물체가 접근하면, 두 물체사이의 압축응력이 증가하여 애초의 인장응력을 상쇄할 것이며 결국은 평형에 도달하여 멈출 것이다. 이것은 우리가 알고 있는 중력의 특성과는 전혀 다르다. 이런 모순은 어떻게 해결할 것인가? 이것은 2.6절에서 논의할 것이다.

2.4. 질량—진공매질에 입혀진 에너지

질량은 물체의 특성이며 외력에 의한 가속에 대한 저항(운동 상태의 변화)의 척도이다. 또한 두 물체 간 중력의 강도를 결정한다. 지금까지 질량은 여러 방법으로 정의되어왔다. 그중에서도 우리가 가장 쉽게 접근할 수 있는 것이 중력과 연관된 것, 중력질량[*42]이다. 우리가 몸무게를 재면, 그것은 중량으로 표시되고 이 중량에서 중력가속도 값을 나누면 질량 값이 산출된다. 또 하나는 질량 m인 물체가 가속될 때, 힘 F와 가속도 a의 관계로부터 정의되는 것이다. 즉, m=F/a이다. 관성질량과 중

*42 중력질량에는 능동적 중력질량과 수동적 중력질량이 있다. 전자는 물체가 주위에 만드는 중력장의 크기의 비로 질량을 정의하고, 후자는 중력장을 만드는 물체에서 같은 거리만큼 두 물체가 떨어져 있을 때, 두 물체에 작용하는 중력의 크기의 비로 정의한다. 즉, 지구 표면에서 지구가 물체에 작용하는 힘의 크기를 F, 중력가속도의 크기를 g라 하면, 물체의 수동적 중력질량은 F/g가 된다.

력질량은 개념적으로 완전히 다른 것이지만, 실험적으로는 어떠한 차이도 확인되지 못하고 있다.[53] 하지만 뉴턴역학과 같은 고전이론은 왜 중력질량과 관성질량이 동일해야하는지 설명하지 못한다. 단지 경험치가 그렇다는 것이다. 아인슈타인의 일반상대성 이론은 이 두 질량이 필연적으로 일치한다는 가정에서 출발한다. 이를 동가원리(equivalence principle)라 한다. 이 이론에서 중력은 힘이 아니고 뉴턴의 작용과 반작용 법칙(3법칙)의 대상도 아니다. 관성질량과 중력 질량이 동일한 것은 여전히 수수께끼이다.[54]

관성질량과 중력질량

관성질량과 중력질량이 동일하다는 것은 "갈릴레이 등가원리" 또는 "약한 등가원리"라 한다.[55] 자유 낙하하는 물체에 이 원리가 적용된다. 관성질량이 m이고 중력질량이 M일 때, 중력장에 의한 힘이 유일한 힘이라고 하면 뉴턴의 2법칙과 중력법칙에 의거 가속도는 다음과 같다.

$$a = \frac{M}{m} g \tag{2.6}$$

모든 물체가 중력장에서 같은 정도로 낙하한다면 중력과 관성 질량의 비는 일정하다. 이 현상을 "자유낙하의 보편성, universality of free-fall"이라 한다. 이 보편성을 최초로 실험한 사람은 갈릴레이이다. 거의 마찰이 없는 기울어진 판 위로 공을 굴려 시간의 정밀도를 높였다. 외트뵈

스*43는 1889년에 균형추의 비틀림을 이용하여 보다 정밀한 실험을 수행하였다.[56] 2008년 현재 정밀도는 최소 10^{-12} 이상이며 10^{-13} 내지 10^{-18} 오차범위 내에서 일치할 것이라 한다.[57] 한편 아인슈타인 등가원리라 불리기도 하는 강한 등가원리는 일반상대성 원리의 핵심이다. 이것은 충분히 작은 시공간 안에서 균일한 가속과 균일한 중력장을 구분하기 불가능하다는 것이다. 따라서 이 이론은 중력장이 물체에 가하는 힘은 직선상에 움직이려 하는 물체의 경향(즉, 관성)의 결과라고 전제한다.

한편 아인슈타인의 에너지-질량 등가원리에 의하면 질량은 에너지와 호환된다. 즉 $m=E/c^2$이다. 새로운 패러다임에 의한 진공매질의 관점에서 보면 에너지는 진공매질의 왜곡에 의한 것이다(또는 이와 상응하는 물질 내 압축응력이다). 질량은 진공매질 왜곡의 다른 표현일 뿐이다.

질량은 모두 에너지로 변환되나?

그런데 이러한 질량이 모두 에너지로 변환할 수 있을 것인가? 여기에 대한 답은 핵융합이나 핵분열 반응에서 어느 정도 추측할 수 있다. 2.1절에서 언급했듯이 핵분열 반응전후 전하량이나 양성자, 중성자 수의 변화가 없다(그림 16의 우라늄 핵분열 참조). 이 반응에서 질량결손은 입자들(핵자-원자핵 구성요소)간의 결합에너지(위치에너지)차에 의한 질량변화이다. 새로운 진공패러다임에 의하면 결합에너지는 진공매질 왜

*43 Loránd Eötvös(1848. 7~1919. 4) 헝가리 물리학자로 약한 등가 원리에 대한 연구, 중력에 관련된 실험 등에서 업적을 남겼으며 아인슈타인의 일반상대성 원리에 영향을 미쳤다.

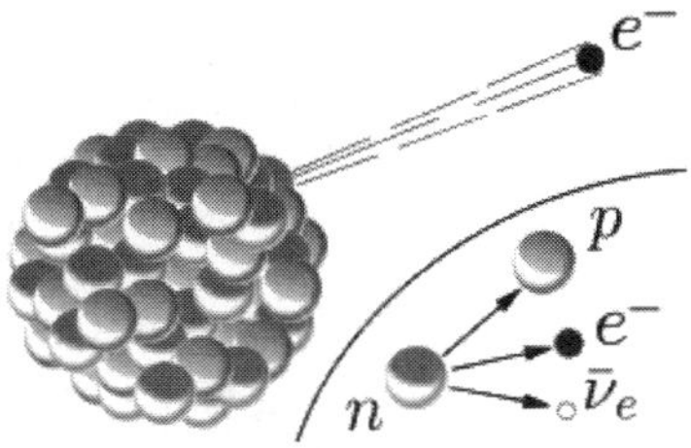

그림 24. 베타붕괴를 나타내는 모식도. 원자내의 중성자(n)는 전자(e^-)와 중성미자(ν_e)를 방출하고 양성자(p)가 된다.

곡 상태의 변화이다. 한편 **그림 24**와 같은 베타붕괴*44 시 중성자는 원자내에서 전자(또는 양전자)와 양성자로 변한다고 알려져 있다. 아직 중성자가 완전히 소멸되어 에너지로 바뀌는 현상이 발견된 적은 없다. 즉, 질량이 모두 에너지로 변환하지 않는다고 할 수 있다. 그런데 태양과 같이 항성의 내부에서 일어나는 핵융합과정을 보자. 이 과정에서 (**그림 42** 참조) 4개의 수소원자에서 하나의 헬륨 원자가 생성되며 에너지를 방출한다. 이 과정에서 생긴 중성자는 양성자-전자쌍으로 된 수소원자보다 에너지가 낮은 것이다. 핵분열 반응으로 중성자가 양성자(+전자)로 변하고 핵융합 반응으로 양성자(+전자)가 중성자로 바뀐다. 두 반응 모두 에너지를 방출하는 반응인 것이다. 이 두 과정에서의 중성자는 서로 다른 것이라고 할 수 있다. 핵융합으로 생성된 중성자는 에너지가 낮으며 두 개의 중성자와 두 개의 양성자를 가진 헬륨은 매우 안정한 물질이다. 헬륨이 항성의 내부에서 핵융합으로 생성되듯이 모든 원소는 항성

*44 핵물리에서 베타붕괴는 베타선(β-ray, 에너지가 큰 전자 또는 양전자)과 중성미자가 불안정한 원자핵에서 나오는 현상이다. 베타붕괴 시 중성자는 전자를 방출하여 양성자가 되거나 양성자가 양전자를 방출하여 중성자가 된다.

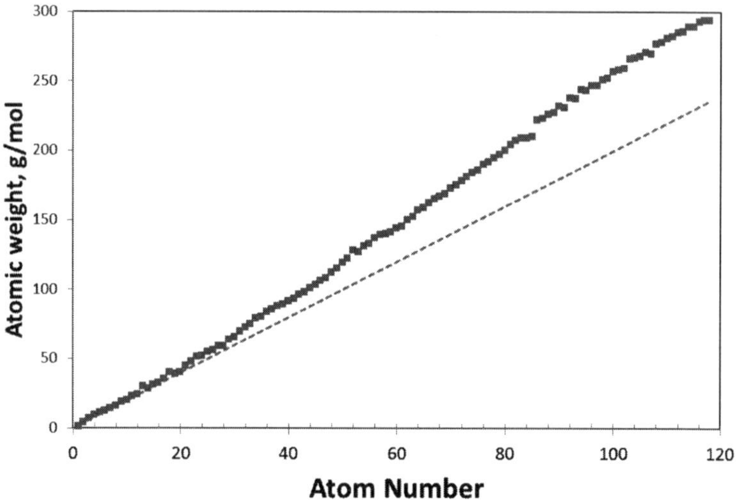

그림 25. 원자번호(atomic number) 대비 원자량(atomic weight). 점선은 원자번호×2

의 내부에서 형성된다.[*45] 이들 원소는 **그림 25**와 같이 원자번호가 높아질수록 중성자 수가 양성자 수보다 많아진다. 여분의 중성자를 잉여중성자라고 하고 이것이 많은 무거운 원소는 거대별의 내부 초고온 고압하에서 형성되기 때문에(**그림 53** 참조) 에너지가 더 낮아진 중성자일 것이다. 따라서 **질량이 모두 에너지로 변환될 수 있을 것인가**라는 물음에 다음과 같이 답할 수 있다.

"양성자-전자쌍은 항성의 고온 고압하에서 고에너지 중성자 → 안정한 중성자 → 잉여중성자로 변할 것이며 결국은 모든 에너지를 잃고 진공매질(중성격자)이 될 것이다. **질량은 모두 에너지로 변환된다고 답할**

*45 상세내용 3.5절 "초신성-진공매질 압축에너지의 폭발" 참조

수 있다. (이것에 대해서는 제3장에서 상세히 논의될 것이다.)"

진공매질은 에너지가 0이거나 10^{-9} J/m^3 정도의 아주 미미한 양의 영점-에너지만 있는 매질이라 생각할 수 있다. 에너지가 없으면 진공매질을 왜곡하지 않기 때문에 소위 "중력"도 발생하지 않으며 현대과학으로도 측정이 되지 않는다. 단, 빛은 진공매질 속에서 광속으로 이동하며 물질 근처에서 왜곡된 진공매질을 통과할 때 직진하지 않고 휘어질 것이고 이것은 아인슈타인의 중력장에서 빛이 휘어진다는 이론을 역으로 설명하는 것이다. 왜곡된 진공매질에서 빛이 휜다는 것은 자동차가 회전할 때처럼 한 방향의 속도가 다른 방향의 속도와 차이가 있을 때 생기는 것이다. 이것을 2.7절(왜곡된 진공매질에서의 빛의 굴절)에서 정량적으로 계산하여 아인슈타인의 일반상대성 이론의 예측과 비교하였다.

결론적으로 우리 우주를 구성하는 것은 에너지로 변환할 수 없는 물질(진공매질)과 에너지-물질 간 변환이 가능한 물질로 나눌 수 있으며 이 변환가능한 물질의 양이 질량이라 할 수 있다. 질량의 존재는 에너지가 없는 진공매질을 왜곡한다. 에너지로 변환 가능한 물질이 진공매질이 가하는 압력으로 에너지로 방출하면 그 양만큼 진공매질의 왜곡이 완화되고 방출된 에너지는 대부분 빛의 형태로 (빛과 동일한 속도의 중성미자를 포함) 방출하게 된다. 별이 에너지를 방출하여 에너지가 바닥이 나면 잉여중성자가 많은 거대 원자가 될 것이다. 이것이 중성자별이다. 일부 중성자별은 아주 빠른 속도로 회전하면서 매우 강력한 자기장을 형성한다.[*46] 이 에너지마저 소멸한다면 중성자별은 블랙홀로 변

*46 중성자별을 다루는 3.6절 참조

하고 블랙홀도 에너지가 다하면 결국 소멸할 것이다. 진공매질로 돌아오는 과정이다. 블랙홀은 결코 중력이 매우 커 모든 것을 빨아들이는 괴물이 아니고 에너지가 비어있는 상태로서 흑체(black body)와 유사하다고 할 수 있다.*47

2.5. 물질파는 물질이동의 본질이다

우리는 2.3절에서 새로운 진공 패러다임 하에서의 중력의 기원이 무엇인가에 대해 추론하였다. 진공을 고무와 같은 탄성체이고 그 안에 구형의 고압공기가 존재한다고 가정하면 이 구형의 공기방울이 물질과 같은 것이고 이 구형의 물체에 의한 진공매질 왜곡으로 인력이 발생할 것이라고 하였다. 고무와 같은 진공매질 속에 있는 물질은 이 진공매질의 밀도에 비해 훨씬 낮은 밀도를 가진 **그림 26**과 같은 발포된 고무(foam)라는 가정이 더 적절할 것으로 생각된다. 물질도 진공매질을 구성하는 입자(또는 격자)가 포함되어 있기 때문이다. **그림 21**의 진공매질의 응력분포로부터 두 구형의 물체사이는 진공매질의 왜곡이 다른 곳보다 심할 것임을 알 수 있다. **그림 23**의 두 물체가 (중력으로 불리는 힘으로) 이끌리게 되는 것은 이러한 진공매질의 왜곡의 차이에 의한 것이고 두 물체의 거리가 줄어들면 이 차이는 더욱더 늘어나고 두 물체간의 접근 속도는 더 커진다. 그런데 왜 진공매질의 왜곡의 차이가 있으면 인력이 생기는 것일까? 이것은 물질과 진공매질간의 상호작용(에너지 교환)에 기인

*47 블랙홀은 실제 존재하는가에 대한 고찰은 3.7절에 기술하였다.

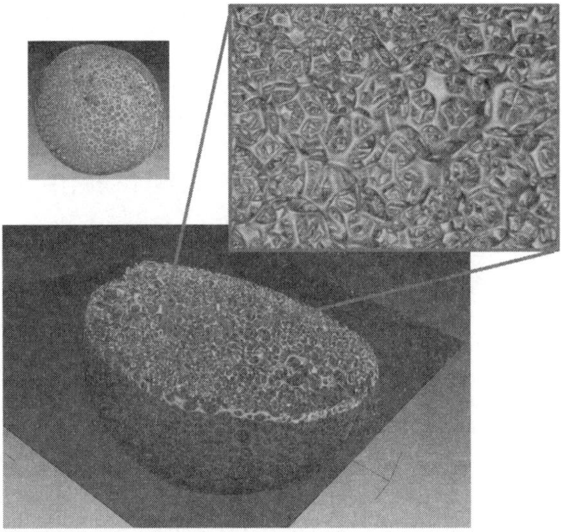

그림 26. 진공매질 속의 물질은 발포된 폴리머(foamed polymer)라 생각할 수 있다. 물질은 내부의 에너지 상태에 따라 다양한 구조를 가질 수 있으며 그 부피만큼 진공매질을 왜곡한다.

한다고 할 수 있다. 여기서 우리는 물질이 진공매질을 통해 어떻게 이동하는가 하는 것에 대한 중요한 전제를 설정하고자 한다.

진공 격자의 진동에너지 전파

물질은 파동(진동)의 형태로 진공매질의 우주공간을 이동한다. 진공매질을 구성하는 입자(격자)는 그 입자에 가해진 에너지 크기에 따라 에너지가 없는 상태의 기본위치를 중심으로 진동할 뿐이다 (에너지를 가진다는 것은 진동에너지가 그만큼 커다는 뜻이다). 진공매질의 이동은 없고 진공매질을

구성하는 격자의 진동에너지 전달만 있을 뿐이다. 이것이 물질 이동의 실체이다.

물론 물리학에서는 물질파(matter wave)라는 개념이 존재한다. 물질파는 드브로이 가설(de Broglie hypothesis)[58]에서 출발한 것으로서 빛의 이중성(파동과 입자)에 대응하여 드브로이가[*48] 제안한 것이었다. 드브로이 파장(물질파의 파장) λ는 입자의 운동량 p에 반비례한다. 즉,

$$\lambda = \frac{h}{p} = \frac{h}{mv} \tag{2.7}$$

여기서 h는 플랑크상수이다. 실제로 이 가설은 전자나 원자 뿐 만아니라 그림 27의 풀러린(fullerene, C_{60})과 같은 다원자 분자에서도 증명되어 물질도 입자와 파동이라는 이중성을 갖는 것으로 받아들여지고 있다. 1927년 벨연구소[*49]에서 데이비슨[*50]과 저머[*51]는 니켈결정으로부터

---

*48 Louis Victor Pierre Raymond de Broglie, 7th duc Broglie(1892. 5~1987. 3) 1929년 노벨물리학상을 수상, 현대과학자 중에서 가장 높은 세습 귀족의 지위를 가짐.

*49 정식명칭은 Nokia Bell Labs로 AT&T Bell Labs로 불리기도 하였다. 핀란드 노키아사가 보유한 미국의 뉴저지 주(본사)에 있는 연구개발회사이다. 19세기말에 Alexander Graham Bell이 설립한 "Volta Laboratory and Bureau"가 그 출발점이다. 1925년 Western Electric사의 연구개발 분야가 Bell Labs로 독립하였다. John Bardeen외 2명의 연구자가 처음으로 트랜지스터를 개발하여 노벨상을 받았으며 현재까지 총 8개의 관련연구로 노벨상을 수상하였다.

*50 Clinton Davisson(1881. 10~1958. 2) 미국의 물리학자로서 데이비슨-저머 실험을 통하여 전자의 파동성을 증명하였고 이 공로로 1937년 노벨물리학상을 수상하였다.

*51 Lester Germer(1896. 10~1971. 10) 미국 물리학자.

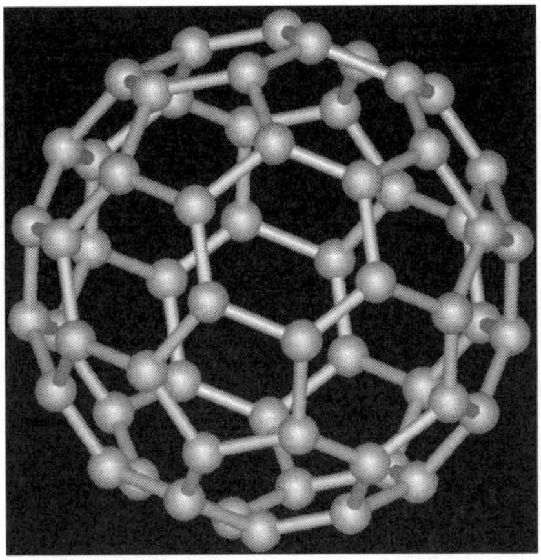

그림 27. 풀러린 형상. 60~70개의 탄소원자가 축구공과 같은 형태로 구성된 결정. 직경은 약 1 나노미터

나온 전자빔이 회절무늬를 만든다는 것을 실험으로 확인하여 드브로이 가설에 의한 전자의 파동특성을 최초로 입증하였다.[59] 1999년에 비엔나 과학자들은 풀러린 공을 회절격자에 통과시켜 **그림 28**과 같이 물질파에 의한 간섭현상을 발견하였다.[60] 여기서 물질파 파장은 2.5피코미터(pm=10^{-12}m)였다.

물질파와 물체의 이동

그런데 이 물질파라는 것이 그 어떤 실존하는 물리량과 대응하는 것이 없는, 즉 기계/전자적인 파동과 그 어떤 연관성도 찾을 수 없다. 양자역학은 이 파동을 확률함수에 의거 해석하고 있다. 물리학적으로 존재가 확인되는 물질이 어떻게 진공매질 속을 파동의 형태로 움직일 것인가?

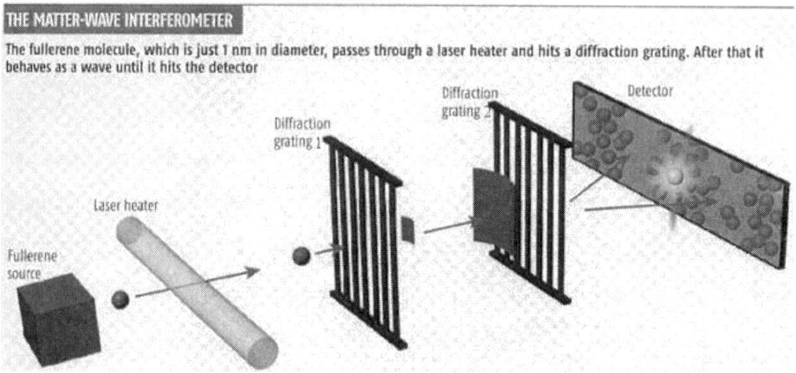

그림 28. 1 나노미터의 풀러린 입자가 레이저 가열기로 가열되고 2중의 회절격자를 통과한 후의 간섭무늬(phy.lsu.edu, lecture 28, Tue 04 May 2010, Ch 38: Photons and Matter waves)

우리는 앞서 진공의 매질에 에너지가 더해지면, 물질이 된다는 것을 상정하였다. 물질이 진공매질을 통해 파동의 형태로 움직이어야만 한다면, 그것이 에너지 전파(전달)이다. 물질의 에너지는 진동에너지이며 이 진동이 물질파의 근원이라 할 수 있다.

그럼 가장 간단한 물질인 수소원자가 진공매질 속에서 이동하는 상황을 상상해보자. 이 수소원자는 진공매질의 격자를 차지하고 있으며 하나의 양성자의 주위로 전자가 일정 거리를 두고 회전 또는 진동하고 있다. (실제로 회전하고 있는지는 확인할 수 없다. 양자역학적으로 양성자 주위의 일정거리 내에서 존재할 확률로 표현될 뿐이다. **그림 15** 참조) 이 수소원자의 전자가 양성자로 (순간적으로 중성자가 된다) 흡수되고 바로 옆에 있는 중성의 격자로 이동하면 이전 수소원자는 소멸하고 새로운 위치에서 중성자가 생기며 여기서 전자가 다시 나오면 새로운 수소원자가 된다. 이러한 과정을 반복하면 우리는 수소원자가 이동하고 있다는 것으로 인식한다. 이러한 에너지 전파의 거동을 진동에 의한 파동함수로 표현할 수 있으며, 이것은 기존 물리학의 단원자 물질파 거동에 해당한다. 한 수소원자 뿐만 아니라 질량이 큰 물체도 이러한 과정으로 움직인다고 할 수 있다. 다만, 이 경우 표면의 원자만 진공매질과 에너지가 교환되며, 내부 (우리)물질은 원자-원자간 에너지교환을 한다고 할 수 있다. 이 경우 개개의 원자의 에너지 전파의 따른 파동함수를 종합하여 하나의 파속(波束,*52 wave packets)[61]으로 기존 물리학의 물질파와 같이 인식할 수 있다.

물질파와 빛의 이동방식은 어떻게 다른가? 물질파와 빛은 그 에너지를 전달한다는 의미에서는 공통점이 있다. 빛과는 달리 물질파는 진공매질의 격자점에서 진동하고 이 진동이 진공매질을 통해 이동한다고 할 수 있다. 수소분자를 예를 들면, 수소분자가 가지는 에너지에 의해 격자점 중심으로 팽창되어 주변 진공매질의 격자왜곡을 수반한다. 수소분자의 이동은 격자점의 팽창과 수축의 상태가 이동하는 것이다. 반면, 빛은 격자점의 팽창이 수반되지 않는 과정이다. 따라서 빛은 질량이 없다. 마치 이것은 음파가 물질의 구성원소의 상대적 변이에 의한 것으로서 음파 자체가 질량이 없는 것과 마찬가지이다. 드브로이에 의하면 물질파의 전파속도(w)와 물질의 속도(v)의 곱은 빛의 속도(c)의 제곱과

---

*52 물리학에서 파속은 파동묶음이라고도 하며 두 개 이상의 파동이 합쳐져 국지적으로 하나의 파열음이 내는 파형처럼 보인다. 그 특성이 다른 수많은 파동이 합쳐져 하나의 파속이 될 수 있으며 이때 이들 개개의 파동이 국지적으로 합치지만 다른 영역에서는 서로 상쇄되어 소멸한다.

동일하다.[62] 즉,

$$w = \frac{c^2}{v} \tag{2.8}$$

물질의 속도는 항상 빛의 속도보다 훨씬 작기 때문에 (2.8)식에 의거 물질파 속도는 빛의 속도보다 훨씬 크다. 물질 속도가 0이면(정지 상태) 물질파의 속도는 무한대이며, 물질 속도가 증가할수록 물질파의 속도는 감소하여 빛의 속도에 근접한다. 이런 의미에서 물질파는 빛보다 빠르게 움직인다는 가상의 타키온[63,*53]과 유사하다.

일반적으로 파동의 속도는 진동수와 파장의 곱으로 나타낼 수 있으므로 (2.7)식과 (2.8)식으로부터 물질파의 진동수(f_m)를 구할 수 있다. 즉,

$$f_m = \frac{mc^2}{h} \tag{2.9}$$

(2.9)식에서 물질의 질량이라는 것은 진공매질의 진동에 다름이 아님을 알 수 있다. 질량과 에너지가 진공매질의 가상의 격자점의 진동이라는 전제를 확인하는 매우 중요한 결론이다.

다시 (2.7)식을 주목해 보자. 이 식에 의하면 물체의 속도가 0이면

---

*53 빛보다 빠른 속도로 움직인다는 가상의 입자. 대부분의 물리학자는 빛보다 빠른 입자는 기존의 물리법칙을 위반하기 때문에 타키온 존재를 부정한다.

물질파의 파장은 무한대이다. 진공매질에 파동을 일으키지 않는다. 속도가 증가하면 파장이 짧아진다. 파장이 짧을수록 운동량이 커진다. 통상적으로 물체의 속도가 빛의 속도에 비해 매우 낮으므로 (2.7)의 질량은 정지질량이고 따라서 물체의 속도는 파장에 반비례한다. 물질의 이동은 진공매질과의 끊임없는 상호작용이라면, 파장은 물질이 진행하는 방향에서의 진공매질의 왜곡상태를 나타내는 척도이다. 이 척도는 물질의 질량이 클수록, 속도가 빠를수록 짧아진다. 속도에 따라 진공매질의 왜곡이 달라지는 것은 도플러 효과[*54]이다. 따라서 물질파의 파장은 물질의 존재에 의한 진공매질의 왜곡과 물질의 이동의 의한 추가 왜곡의 곱으로 표현된다. 이것은 관성질량과 중력질량이 동일하고 이를 통해 중력의 기원을 알 수 있는 매우 중요한 사항으로 다음 절에서 상세하게 다룬다.

2.6. 자체적으로 존재할 수 없는 중력

우리는 2.3절에서 중력은 물질에 의한 진공매질의 왜곡에 기인한다고 하였다. 아인슈타인의 일반 상대성이론에서는 중력은 시공간 왜곡에 의한 것이라 한다. 하지만 상대성 이론도 중력을 야기하는 시공간 왜곡이 있다하더라도 중력이라는 인력이 생기는지는 밝히지 못하고 있다. **그림 23**과 같이 두 물체가 근접해 있을 때 두 물체사이에는 이 왜곡에

*54 Doppler effect. 도플러(Christian Doppler, 1803. 11～1853. 3, 오스트리아 물리학자)가 발견한 현상으로 파동원과 관찰자의 상대속도에 따라 진동수와 파장이 변하는 현상.

의한 인력이 발생하지만, 두 물체를 구성하는 물질과 진공매질에 아무런 에너지 교환이 없으면 두 물체는 평형을 이루는 곳이 멈추어져 있을 것이다. 인력은 0이 되는 것이다. 그런데 실제 인력은 두 물체가 가까워질수록 거리에 제곱에 반비례하여 더 강해진다. 이러한 모순을 극복하기 위하여 동일하게 측정되는 관성질량과 중력질량은 그 기원이 동일하다고 가정한다. 또한 질량은 그 에너지에 의한 진공매질의 왜곡이라고 전제하였다.

직선운동에 의한 진공매질의 왜곡

우선 관성에 대해 고찰해보자. **그림 29**와 같이 고니가 수면 위를 이동할 경우 이 고니의 움직임은 지속적으로 사방으로 퍼져나가는 동심원 파동

그림 29. 고니가 물위를 이동할 때 도플러 효과가 나타난다.

그림 30. 파동의 도플러 효과

을 형성할 것이다. 고니가 일정속도로 움직인다면 고니의 전진방향으로는 파장이 짧아지고 후방으로는 파장이 길어질 것이다. 이와 유사하게 물체가 진공매질 속을 일정속도도 움직이는 것을 생각해보자. 이때 물체는 외력이 가해지지 않는 한 일정 속도/방향으로 움직인다. 이것이 뉴턴의 관성법칙이다. 고니가 수면 위를 움직이는 것과 같이 진공매질의 왜곡에 의한 도플러 효과가 발생한다. 에너지는 진공매질에 저장되기 때문에 관성운동으로 에너지가 소모되지 않는다. **그림** 30의 도플러 효과와 같이 물체가 일정한 속도로 이동할 때 전진방향으로는 진공매질의 왜곡이 더해지고 반대방향에는 왜곡이 감소한다. 또한 진행방향과 수직한 면에서도 왜곡이 발생할 것이다. 진공매질의 왜곡이 곧 에너지(질량)이므로 물질의 이동에 따르는 운동에너지가 진공매질의 왜곡상태로 저장된다. 달리 표현하면, 물질은 진공매질의 왜곡의 차이가 있을 때 움직인다고 할 수 있다. 왜곡이 심한 쪽으로 물체가 움직인다. 물체가 가속하는 경우 전진방향의 진공매질의 왜곡이 속도의 증가만큼 커진다.

물체가 속도 v로 움직이면, 주변 진공매질의 대칭적 왜곡상태가 비대칭적으로 변한다. 정지질량이 m이면 속도 v로 움직이는 물체의 상대론적 질량 m*은 (1.4)식으로부터 다음과 같이 표시된다.

$$m^* = \frac{m}{\sqrt{1-\frac{v^2}{c^2}}} = \gamma m \qquad (2.10)$$

(2.10)식에서 γ는 로렌츠 인자이며 속도 v로 움직이는 물체에 의한 진공매질 왜곡에 의해 증가되는 질량의 척도이다. **그림 31**의 직삼각형의 직각모서리에서 내려진 변에 수직한 직선이 분할한 변 p, q의 곱은 수직선 h의 제곱이다. 이때 h는 p와 q의 기하평균이다. p와 q를 각각 1+v/c 및 1-v/c로 표시하면 γ는 다음과 같이 나타낼 수 있다. (p+q=2로 일정하며 p와 q의 차이가 커지면 h가 작아진다.)

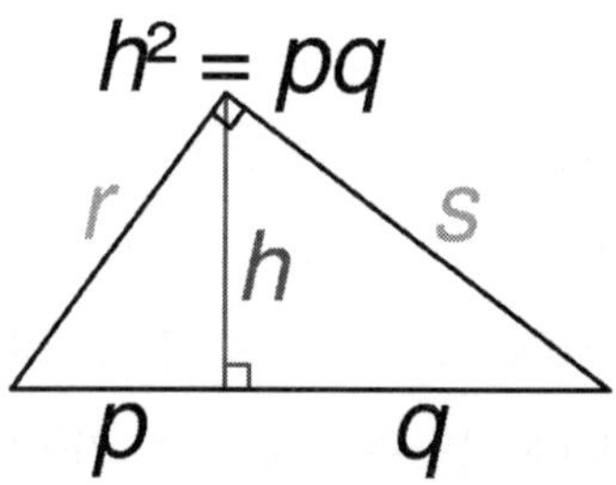

그림 31. 직삼각형에서 p, q의 곱은 h 제곱이다.

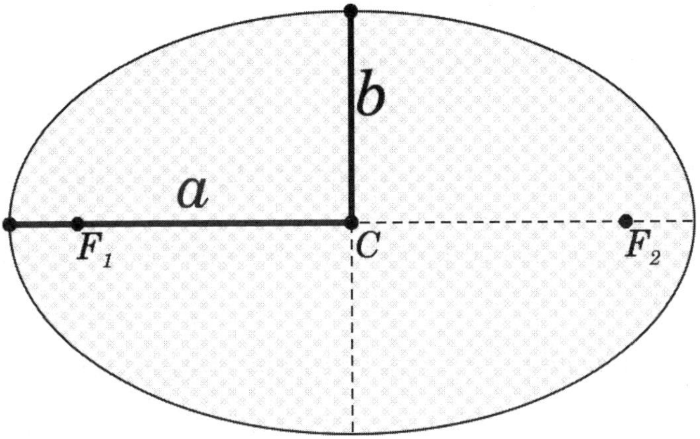

그림 32. 초점이 F1과 F2인 타원. 중심 C에서 초점을 통하여 타원까지의 거리가 장축반경 a이고 그 수직은 단축반경 b이다.

$$\gamma=\frac{1}{\sqrt{1+\frac{v}{c}}\sqrt{1-\frac{v}{c}}}=\frac{1}{\sqrt{pq}}=\frac{1}{h} \quad (2.11)$$

그림 32의 타원에서 h는 단축반경 b를 의미하며 로렌츠 인자는 이 값의 역수이다. 속도 v로 움직이는 물체가 야기하는 진공매질의 왜곡의 척도라 할 수 있다. v=0이면 **그림 31**에서 p=q=h이나 속도가 증가하면 h값이 감소하여 로렌츠 인자 값이 증가한다. 움직이는 물체의 운동에너지는 (2.10)식의 상대론적 질량에서 정지질량의 에너지 차이에서 얻을 수 있다. 즉,

$$E=(m^*-m)c^2=(\gamma-1)mc^2 \quad (2.12)$$

$v \ll c$ 인 경우 $\gamma - 1 = \frac{1}{2}(v/c)^2$로 근사되며 운동에너지는 $E = \frac{1}{2}mv^2$이 된다. 운동에너지는 진공매질의 비대칭 왜곡에너지라 할 수 있다.

중력은 왜 생기는 것인가?—점대칭 진공매질의 왜곡

중력의 문제로 돌아가 보자. 그림 23과 같이 질량이 m_1과 m_2인 구형의 두 물체가 일정 거리만큼 우주공간에 존재할 경우 두 물체의 사이의 공간의 왜곡과 두 물체 바깥쪽의 왜곡상태에는 차이가 존재한다. 두 물체 사이의 공간은 각각의 물체에 의한 왜곡이 중첩되어 배가되며 진공격자 간격이 좁아진다. 한 물체를 기준으로 볼 때 오른쪽에의 진공매질의 왜곡과 왼쪽에서의 왜곡이 차이가 나고 이러한 차이로 관성의 경우와 같이 두 물체는 서로 접근한다. 이것은 고체내의 음파가 고압에서 속도가 증가하는[64] 것과 같은 이치일 것이다. 두 물체가 접근할수록 두 물질 사이의 진공매질의 왜곡은 더욱 증가하고 이 공간으로의 에너지 이동의 확률이 높아지기 때문에 (에너지를 가진 개개의 진공격자가 진동하고 이 진동의 결과 가까운 쪽에 에너지전달의 확률이 높기 때문에 압축되어 변형된 진공매질의 공간으로 이동하여) 두 물체의 접근 속도는 가속된다. **이것이 바로 진공매질 속의 물체가 서로 이끌리는가? 왜 중력이 발생하는가? 하는 질문에 대한 답이다.** 이때 물질파의 파장은 (2.7)식에 의거 감소하고 속도가 증가하는 것은 당연한 결과이다.

속도 v로 일정하게 움직이는 물체는 (2.12)식과 같이 진공매질에 에너지를 저장한다(진공매질의 왜곡이 질량의 근원이며 중력의 근원이기도 하다. 이로서 중력질량과 관성질량은 필연적으로 동일하다). 이

에너지는 물체의 진행 방향과 수직한 면에서의 진공매질의 왜곡에 해당하는 에너지라고 할 수 있다. (2.12)식에 의거 증가한 진공매질의 왜곡 $\Delta\delta = \gamma$-1 이며 속도 v를 운동에너지와의 관계로부터 진공매질의 왜곡의 함수로 표시하면 다음과 같다. 즉,

$$v = c\sqrt{2\triangle\delta} \tag{2.13}$$

도플러 효과를 나타내는 **그림 30**에서 진공매질의 왜곡이 **그림 32**와 같이 타원이라면, 진공매질의 왜곡은 물체의 직진방향뿐만 아니라 수직한 방향(수직면)에서도 발생한다. 하지만 수직한 방향에서의 진공매질의 왜곡은 물체의 진행방향을 중심으로 대칭을 이루기 때문에 서로 상쇄되어 물체의 진행에 영향을 미치지 않는다. 다만, 움직이는 물체의 주위에 있는 다른 물체는 이 진공매질의 왜곡에 영향을 받을 것이다. **그림 31**의 삼각형에서 아래 변이 물체의 진행방향이라고 한다면, 이 변과 수직한 상하의 두 방향에서 생성된 진공매질의 왜곡은 각각 $\Delta\delta$이지만 서로 상쇄되어 0이 되고 물체의 진행방향에서의 진공매질의 왜곡은 배가되어 $2\Delta\delta$가 된다고 할 수 있다. 그런데 물체가 직선운동이 아니고 회전운동한다면, 수직한 방향(반경방향)에서의 진공매질의 왜곡은 서로 상쇄되지 않을 것이며, 회전하는 물체의 회전반경 외부에 있으면 반경방향으로 진공매질의 왜곡의 차이를 느껴 이끌리게 될 것이고 이로서 **중력은 물체의 회전운동으로도 발생함을 알 수 있다.**

지금 태양 중심으로부터 거리 r만큼 떨어져 공전하는 하나의 행성을 생각해보자. 태양의 질량이 M이고 행성의 질량이 m이라고 한다. 이

행성이 공전할 경우 태양의 중력(진공매질의 왜곡의 세기)에 의한 위치 에너지와 반경방향의 속도 v로 멀어짐으로써 생성되는 진공매질의 왜곡에 의한 운동에너지는 동일하다. 즉,

$$\frac{1}{2}mv^2(\text{운동에너지}) = \frac{GMm}{r}\,(\text{위치에너지})$$

위 식에서 속도를 유도하면 다음과 같다.

$$v = \sqrt{\frac{2GM}{r}} = c\sqrt{\frac{r_i}{r}} \tag{2.14}$$

여기서 r_i는 슈바르츠실트 반경*55이라고도 한다. (2.13)식과 (2.14)식을 비교해보면, 반경방향에서의 진공매질의 왜곡은 $2\Delta\delta = r_i/r$로 중심에서 멀어질수록 감소한다. 반경방향과 수직한 원주방향에서의 진공매질의 왜곡은 $\Delta\delta$, 즉 $r_i/2r$이다. 반경방향의 속도는 v=dr/dt이므로 반경방향의 가속도 α는 (2.14)식을 미분하여 구하면 다음과 같다.

$$\alpha = \frac{dv}{dt} = v\frac{dv}{dr} = -\frac{c^2}{2}\frac{r_i}{r^2} = -\frac{GM}{r^2} \tag{2.15}$$

*55 슈바르츠실트 반경은 아인슈타인의 일반상대성 이론에 대한 슈바르츠실트 해에서 나타나는 변수로서 슈바르츠실트 블랙홀의 사건의 지평선(event horizon)을 나타낸다. 독일의 천체물리학자 Karl Schwarzschild의 이름을 차용했다. 상세한 내용은 3.7절을 참조.

가속도는 음의 값을 나타내며 속도 방향과 반대임을 알 수 있다. 이것에 행성의 질량 m을 곱하면 (1.5)식의 중력이론과 동일하다. 여기서 중력 상수 G는 새로운 진공 패러다임에서는 진공매질의 기계적 특성을 나타내는 지수이다.

물체는 **그림 31**의 삼각형이 나타내듯이 변형이 클수록 (p와 q의 차이가 클수록) 빠르게 이동한다. 물체가 전진하는 방향과 수직한 면에서 변형이 형성되고 저장된다. 정지한 물체는 외력이 없으면 어느 중심점에서 진동한다. 진공매질의 왜곡으로 한쪽의 가상 격자의 간격이 반대쪽보다 좁아져 있다면 격자간격이 좁은 곳으로 이동할 확률이 높고 따라서 전체적으로 보면 한방향이 반대방향 보다 많이 움직여 변위가 발생하는 것이다. 물질파의 거동을 나타내는 (2.7)식은 정확히 이것을 표현한다. 물체의 질량과 이동속도가 물질파의 파장을 결정하며 이것이 진공매질의 가상격자의 간격, 즉 드브로이 파장이다. 한편, 반경방향과 수직한 방향에서의 진공매질의 왜곡 $\Delta\delta$는 $r_i/2r$이므로 그 속도는 반경방향 속도의 $\sqrt{2}$ 배가 될 것이다. 즉, 궤도(공전)속도 v_O는 (2.14)식으로부터 다음과 같이 주어진다.

$$v_O = c\sqrt{\frac{r_i}{2r}} = \sqrt{\frac{GM}{r}} \tag{2.16}$$

이심률[*56]이 크지 않으면 궤도는 진원에 가깝다. 이때 궤도의 속도 v_O는

*56 이심률(orbital eccentricity)은 공전궤도가 진원이 아닌 정도를 나타내는 인자로서 진원이면 0, 타원이면 0과 1 사이, 1이면 포물선이고 그 이상이면 쌍곡선 궤도이다. 지구는 0.017이고

케플러 제3법칙으로부터 주기 T와 **그림 32**의 장축반경 a로부터 다음과 같이 근사적으로 나타낼 수 있다.[65]

$$v_O = \frac{2\pi a}{T} = \sqrt{\frac{GM}{a}} \tag{2.17}$$

(2.16)식과 (2.17)식은 개략적으로 일치함을 알 수 있다. 단, (2.16)식은 물체의 관성운동으로부터 추론한 것으로서 **중력과 궤도운동은 관성운동으로부터 유추될 수 있음**을 알 수 있다. 위 두 식은 궤도 반경이 장축반경이라면 완전히 일치하며 태양계 행성의 관찰된 궤도속도와 계산치를 **그림 33**에 비교하였다. 새로운 진공패러다임에 의한 궤도속도의 예상치가 실측치와 일치함을 알 수 있다. 여기서 우리는 하나의 의문을 제기할 수 있다. 행성이 태양의 중력에 반하여 속도 v로 멀어지고자 하면 그 수직한 방향(원주방향)에서의 진공매질의 왜곡은 좌우평형을 이루어 움직임이 없어야 하지 않을까? 이것에 대한 답은 두 가지로 할 수 있다. 행성의 이동방향의 전후에서 형성되는 진공매질의 왜곡이 행성이 한주기 공전함으로써 상쇄되거나, (2.16)식에 의거 행성이 공전함으로써 반경방향으로의 형성되는 진공매질의 왜곡이 태양이 형성하는 진공매질의 왜곡을 정확히 상쇄하기 때문이다.

수성은 0.206이다.

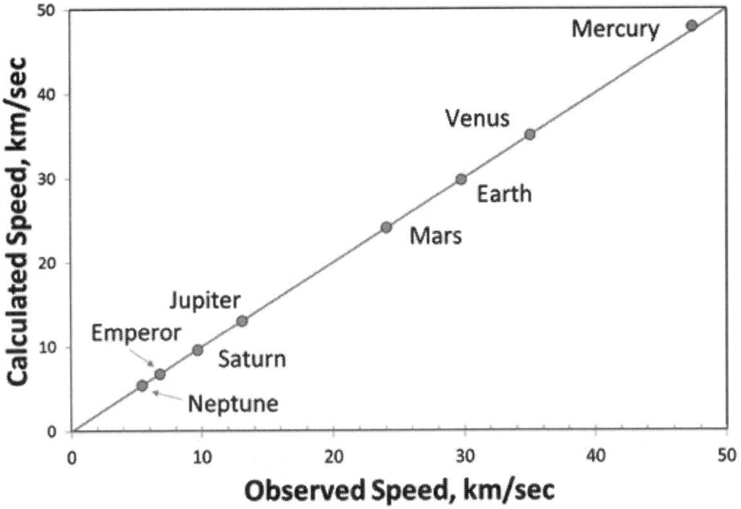

그림 33. 태양계 행성의 궤도속도의 실측치와 계산치. 태양에 가까울수록 수성, 금성, 지구, 화성, 목성, 토성, 천왕성, 해왕성의 순으로 궤도속도가 크다.

2.7. 왜곡된 진공매질에서의 빛의 굴절

그림 34에 도식한 바와 같이 빛이 태양과 같은 질량이 큰 물체를 스쳐지나 갈 때 굴절한다는 것은 아인슈타인의 일반상대성 이론에 의해 잘 설명되고 있다. 그림 12와 같이 태양에 의한 빛의 굴절은 1919년 5월 29일 에딩턴의 개기일식을 이용한 관측에서 증명되었고,[66] 이후 추가 관측으로 1″.75±0.09로 확정되었다.[67] 아인슈타인의 예측과 정확히 일치하였다. 여기서 우리는 새로운 진공패러다임에 의거 빛의 굴절을 계산하고자 한다.

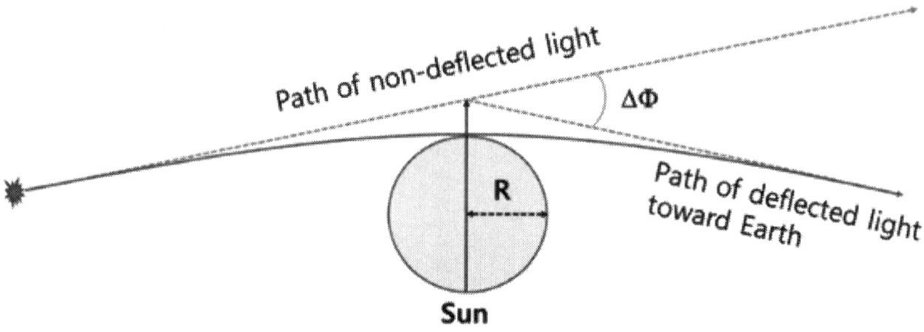

그림 34. 태양에 의한 빛의 굴절을 나타내는 모식도

새로운 패러다임에 의한 빛의 굴절 유도

멀리서 오는 빛이 태양을 향해 진행하는 경우 태양의 반경방향과 원주방향의 두 성분으로 나누어 생각할 수 있다. 태양의 질량의 영향으로 반경방향에서의 진공매질의 왜곡은 r_i/r인 압축응력이다. 따라서 **그림 35**와 같이 Δt 시간동안 $c\Delta t=\Delta p$(AC)만큼 전진할 동안 Δr(AB)만큼 태양 중심에 가까워지고 Δq(BC)만큼 태양의 원주방향으로 움직인다. 진공매질의 왜곡이 없다면 $\Delta q+\Delta s$(BD)이다. Δs(CD)는 Δt 시간동안 진공매질의 왜곡으로 빛의 진행이 상대적으로 늦추어진 것으로서 이 값은 다음과 같이 표시된다.

$$\Delta s^2 = \Delta q^2 \times \left(\frac{r_i}{r}\right)^2 = \left(\Delta p^2 - \Delta r^2\right)\left(\frac{r_i}{r}\right)^2 \tag{2.18}$$

거리 r과 p는 다음과 같은 관계가 있다.

$$r^2 = p^2 + R^2 \rightarrow p\Delta p = r\Delta r \tag{2.19}$$

여기서 R은 태양 반경이다. (2.19)식을 (2.18)식에 대입하면,

$$\Delta s^2 = \Delta p^2\left(\frac{r^2 - p^2}{r^2}\right)\left(\frac{r_i}{r}\right)^2 = \Delta p^2\frac{R^2}{r^2}\left(\frac{r_i}{r}\right)^2$$

따라서

$$\Delta s = \frac{r_i R}{r^2}\Delta p = \frac{r_i R}{p^2 + R^2}\Delta p \tag{2.20}$$

또한

$$s = \int_{-\infty}^{0}\frac{r_i R}{p^2 + R^2}dp = r_i R\frac{1}{R}\left(\tan^{-1}\frac{0}{R} - \tan^{-1}\frac{-\infty}{R}\right) = \frac{\pi}{2}r_i \tag{2.21}$$

위 식은

$$\int\frac{1}{x^2 + a^2} = \frac{1}{a}\tan^{-1}\frac{x}{a}$$

를 이용하였다. 그런데 빛이 태양에 가장 근접했을 때의 각도는 p=0일 때, 또는 r=R일 때이다. (2.20)식에서 각도는 ds/dp이고 p=0이면 굴절각 ϕ은 다음과 같다.

$$\phi = \frac{ds}{dp} = \frac{r_i}{R}$$

이러한 굴절은 빛이 지구의 관찰자에 도달하면서 동일한 효과를 나타내므로 **그림 34**와 같이 지구 관찰자에게는 이 값의 두 배가 된다. 즉,

$$\Phi = 2\phi = \frac{2r_i}{R} = \frac{4GM}{c^2R} \tag{2.22}$$

이 결과는 아인슈타인의 일반상대성 이론으로 유도한 결과와 동일하다.[68] 상대성 이론에서는 중력장에 의한 시공간이 왜곡되어 빛이 굴절한다. 빛은 속도가 변하지 않으며 시간과 공간이 축소 또는 이완되는 개념이다. 새로운 패러다임의 진공에서는 시공간 왜곡이라는 뜬금없는 개념은 없고 진공매질의 왜곡(압축 또는 이완)에 의한 빛의 속도가 달라질 뿐이다. 시간이 길어지고 짧아진다는 기이한 개념은 없다. 빛의 거동이 음파의 거동은 동일하다고 하면, 음파는 높은 압력에서 전파속도가 빠르다는 것으로부터 진공매질이 압축된 상태에서 빛의 당연히 빨라질 것이다. (2.22)식은 이러한 가설을 증명하는 것이라 할 수 있다.

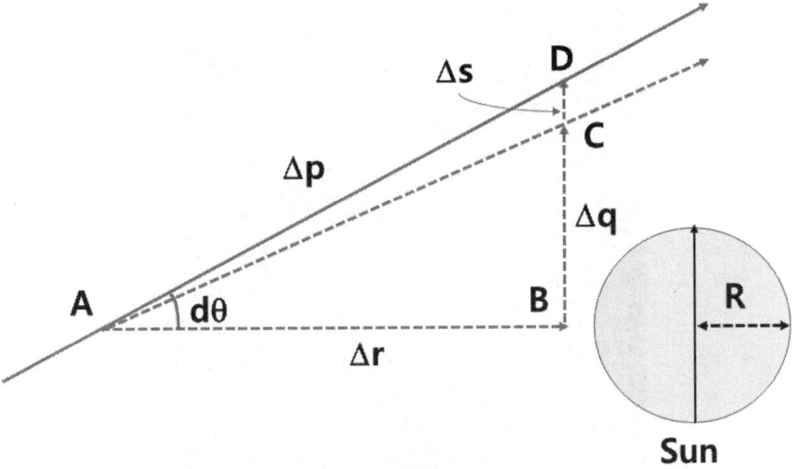

그림 35. 태양을 향해 빛이 진행할 때 그 진행 벡터는 태양의 반경(중심)방향의 성분 Δr과 원주방향의 성분 Δq로 나눌 수 있으며 태양 질량에 의한 진공매질의 왜곡으로 반경방향과 원주방향에서의 빛의 속도는 달라지고 그 차이가 Δs 이다.

2.8. 수성(Mercury)의 세차운동

질량이 서로 다른 두 물체가 상대적으로 공전할 때 작은 물체는 큰 물체를 기준으로 타원형의 궤도를 그리면 회전한다. 두 물체의 무게중심을 기준으로 회전하기 때문이다. 뉴턴의 고전역학에서 두 물체만의 상대적 운동을 고려했을 때 근일점[*57]은 움직이지 않는다. 하지만 태양계에서는 여러 가지 원인으로 태양에 대한 행성의 근일점은 고정되어 있지 않고 (회전)이동한다. 이것이 세차운동이며 주위 행성의 영향이 주

*57 periapsis 또는 태양계에서는 perihelion이라 함.

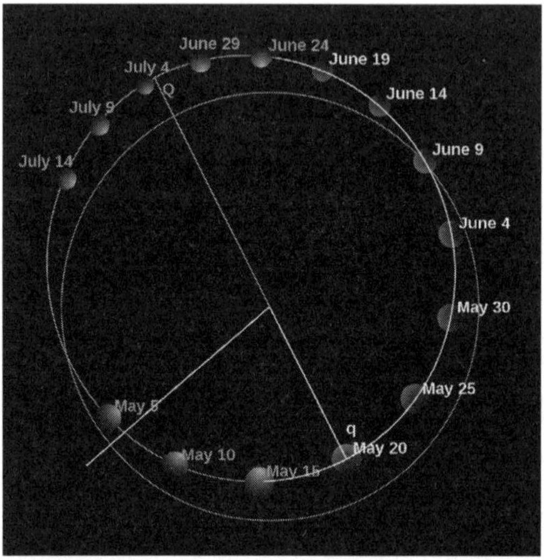

그림 36. 수성의 공전궤도: 두 직선이 교차하는 점이 태양의 중심점이다.

된 원인이다.[*58] 수성의 경우 **그림 36**과 같이 궤도가 태양의 중심에서 벗어나 공전하는 타원으로, 근일점이 100년에 574초(")만큼 회전한다.[*59] **그림 37**은 이러한 세차운동을 과장하여 나타내었다. 뉴턴역학에 의한 수성의 세차운동은 타 행성의 중력에 의한 영향으로 532초로 계산되며 실측치와 43초의 차이가 있다.[69] 이러한 비정상적인 수성의 세차운동은 1859년 르 베리에[*60]가 천체동역학(Astrodynamics)의 문제로 처음 제기하였다. 그는 1697년에서 1848년까지의 천문 자료를 분석하여 세차는 뉴턴 이론과 100년간 38초(나중에 43초로 정정)차이가 있음을 확인하

---

*58 태양의 편평도에 의한 것도 있지만 아주 미미하다.

*59 각도의 단위로 1도(°)의 1/3600로 1초(")라고도 한다. 1도의 1/60은 1분(′)이다.

*60 Urbain Le Verrier(1811.3-1877.9) 프랑스 수학자.

였다. 이후 여러 가설이 등장하여 이러한 차이를 해석하려했지만 아인슈타인의 일반 상대성 이론 이외는 모두 실패하였다.

일반상대성 이론의 의한 수성의 세차운동

일반 상대성이론에서 수성의 타원궤도축의 방향변화는 중력에 의한 시공간 곡률변화에 기인한 것으로 설명한다. 일반상대성이론에 의하면 수성이 태양의 중력장을 통과하는 동안에는 시간이 천천히 가고 반대로 길이는 수축한다는 것이다. 수성의 세차운동은 수성이 태양의 중력에 의해 왜곡된 시공간을 감싸 돌면서 이동하기 때문에 수성은 곡선운동을 하게 되어 수성의 이동경로(근일점)가 휘게 된다. 수성 세차운동의 실측치와 뉴턴역학의 예상치의 차이는 중력이 작용하는 공간에서 발생하는 시공간의 왜곡을 반영하여 계산할 수 있다. 현재 레이다 기술을 이용하면 관측된 수성의 세차는 574.10″±0.65/100년[70]이며 모든 세차운동의 원인과 그 예상치를 표 3에 나타내었다. 일반상대성 이론에 의한 시공간의 왜곡을 고려한 계산치가 관측치와 차이가 거의 없음을 알 수 있다.[71] 다른 행성도 수성에 비해 미미하지만 세차운동을 한다. 지구는 100년 동안 3.84초, 금성은 8.62초 세차운동하며[72] 최근에 발견된 이중(二重) 펄서(pulsar)[*61] 시스템 PSR 1913+16[*62]에서의 세차운동은 4.2°/년으로 상대적으로 큰 값이다. 이들의 세차운동 값은 아인슈타인의 일

*61 pulsating radio star. 자기밀도가 매우 높고 빠르게 자전하는 중성자 별로 1밀리초 내지 10초 이내의 주기로 맥동전자기파를 송출한다.

*62 달리 Hulse-Taylor binary이라 불리며 독수리자리 별이다.

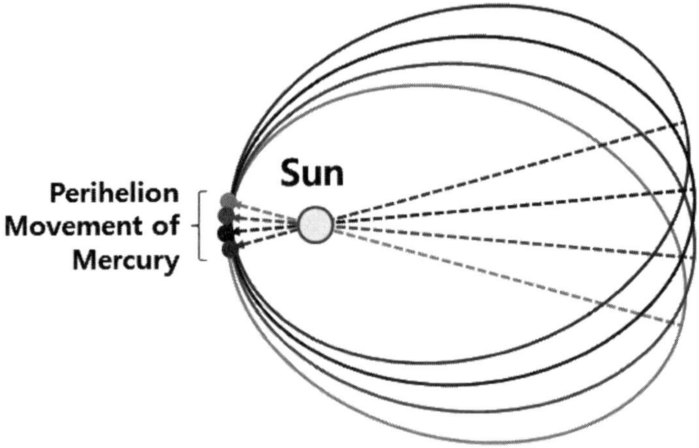

그림 37. 수성의 세차 운동

반상대성 이론이 예측한 값과 잘 일치하여 이 이론의 신뢰성을 높이고 있다.[73]

표 3. 수성의 세차운동의 원인과 그 예측치

세차운동의 원인	세차운동 예측치 (초/100년)
타행성의 중력의 영향(Gravitational tugs of other bodies)	532.3035
태양의 편형도(quadrupole moment)	0.0286
중력장 시공간 왜곡(일반상대성 이론)	42.9799
기타	−0.0020
예측치 합계	575.31
관측치	574.10±0.65

아인슈타인은 장축 반경이 a, 이심률이 e, 공전주기가 T인 행성의 타원궤도에 대하여 상대성이론을 이용하여 그 세차운동 값 ϵ을 다음과 같이 계산하였다.[74]

$$\epsilon = 24\pi^3 \frac{a^2}{T^2c^2(1-e^2)} \tag{2.23}$$

여기서 c는 빛의 속도이다. 수성의 경우 a≌ 5.79×10^{10} m, 이심률 0.206 및 주기 87.97일이다. 이 값들을 대입하면 한 주기 동안 세차는 5.028 $\times10^{-7}$ 라디안(2.88×10^{-5}도 또는 0.104초)이다. 100년 동안 수성은 약 415회 공전하므로 상대론적인 세차는 약 43초/100년으로 계산된다.

진공매질 왜곡의 해소과정인 세차운동

새로운 패러다임에서의 진공매질과 에너지의 상호작용의 관계에서 해석된 중력의 의미를 바탕으로 (2.23)식과 같은 일반상대성 이론에 의한 수성의 세차운동을 어떻게 해석할 수 있을 것인가? 먼저 수성이 한 주기 동안 거치게 되는 진공매질의 왜곡을 생각해보자. 궤도 반경이 r인 경우, 태양에 의한 진공매질의 왜곡이 없다면 반경은 $r-r_i$일 것이며 궤도의 길이로는 $2\pi r_i$만큼 차이가 난다. 또한 수성의 궤도운동으로 (2.16)식에 나타낸 바와 같이 $r_i/2$의 진공매질의 왜곡이 관여된다. 궤도의 길이로는 πr_i이다. 결국 수성의 한 주기 공전에 총 $3\pi r_i$만큼의 진공매질 왜곡에 의한 길이가 포함되어 있다. 이 왜곡을 해소하기 위해서는 한 주기에 $3\pi r_i$의

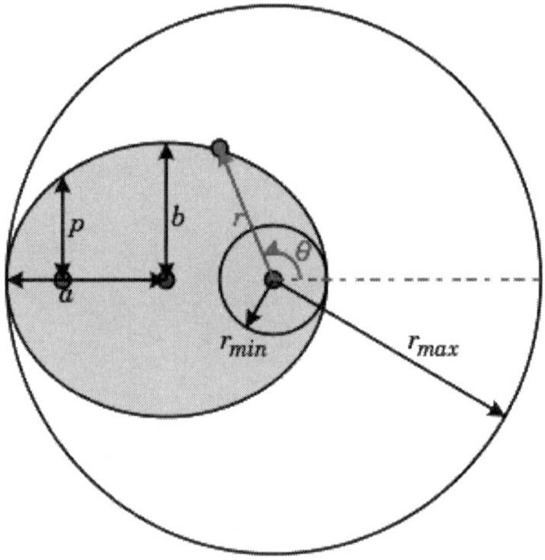

그림 38. 타원궤도를 나타내는 좌표계

길이만큼 태양과 수성의 중심을 잇는 축이 회전해야 할 것이다. 이것이 바로 태양의 중력장에 의한 수성의 세차운동이다. 이것을 각도(라디안)로 표기하기 위해서는 반경으로 나누어야 한다. 즉, 세차운동 값은 $3\pi r_i/r$이다. 그런데 수성은 타원궤도이고 세차운동 값은 근일점 기준이기 때문에 궤도반경은 근일점 반경 r_{mn}과 원일점 반경 r_{mx}의 조화평균*63 r_h를 사용한다. **그림 38**의 타원궤도 좌표계에서 p는 반통경(半通經, semi-latus rectum)이라 하며 다음과 같은 관계에서 조화평균과 동일하다.

$$\frac{1}{r_{mn}}-\frac{1}{p}=\frac{1}{p}+\frac{1}{r_{mx}}\rightarrow p=\frac{2r_{mn}r_{mx}}{r_{mn}+r_{mx}}=r_h \qquad (2.24)$$

*63 조화 평균(調和平均)은 주어진 수들의 역수의 산술 평균의 역수를 말한다. 평균적인 변화율을 구할 때에 주로 사용된다.

한편, 케플러의 제3법칙은 나타내는 다음 식을

$$\frac{T^2}{a^3} = \frac{4\pi^2}{G(M+m)} \tag{2.25}$$

(2.23)식에 대입하고 정리하면 다음과 같다.

$$\epsilon = \frac{6\pi G(M+m)}{ac^2(1-e^2)} = \frac{2G(M+m)}{c^2} \frac{3\pi}{a(1-e^2)}$$

$$\epsilon = \frac{3\pi r_i}{a(1-e^2)} = \frac{3\pi r_i}{2\left(\dfrac{r_{mx} r_{mn}}{r_{mx}+r_{mn}}\right)} = \frac{3\pi r_i}{r_h} \tag{2.26}$$

(2.26)식은 바로 새로운 패러다임에 의한 진공매질의 왜곡으로 예측된 수성의 세차운동이다. 아인슈타인의 일반상대성 이론의 시공간 왜곡에 의한 값과 정확히 일치한다. 대부분의 수성의 세차운동을 계산하는 과정은 매우 복잡하다.[75] 하지만 우리는 진공매질의 왜곡의 관점에서 매우 간단하게 세차운동을 유추할 수 있었다. 뉴턴의 중력이론이나 아인슈타인의 일반상대성 이론은 우주의 공간은 그야말로 무(無)인 상태에서 도출된 것이며 이 이론에서 중력은 자체적으로 이미 존재하는 힘이다. 새로운 패러다임에 의한 진공은 '에테르'와 같은 매질이 아니고 매우 밀도가 높은 규칙 고체격자로 구성되었고 이 격자의 (이 격자주위 진

공매질) 상대적 변위가 파동(전자기파 또는 물질파)의 형태로 에너지가 이동한다. 중력은 그 근원이 없는 인력이 아니라 물질(태양이나 지구 등)의 존재로 인한 진공매질의 왜곡과 물질파 이동으로 발생하는 필연적인 현상이다. 자체적으로 중력은 존재하지 않는다. 아인슈타인의 일반상대성 이론에서 언급되는 질량에 의한 시공간 왜곡은 진공매질의 왜곡을 달리 표현한 것일 뿐이다. 일반상대성 이론과 진공의 새로운 패러다임에 의한 접근은 근본적으로 다르지만 결과는 동일하다. 일반상대성 이론에서는 질량이 있기 때문에 시공간이 왜곡되지만, 새로운 패러다임에서는 진공매질 속의 에너지가 이동 또는 진동함으로써 진공매질을 왜곡하고 이 왜곡으로 인하여 중력이라는 힘이 생기는 것이다. 진공은 고밀도의 매질로 구성되어있기 때문에 심한 왜곡에 대해서는 저항력이 크다. (2.9)식에 의거 물체의 속도가 광속에 근접하면 진공매질에 저장되는 에너지는 기하급수적으로 증가한다. 이러한 진공매질에 의한 저항은 **그림 39**와 같은 유성의 거동으로부터 확인할 수 있다. 유성이 초고속으로 움직일 때 진공매질의 저항으로 유성이 왜곡되고 불연속적이 현상을 보인다. 이것이 진공은 아무것도 없는 것으로 상정한 아인슈타인의 일반 상대성 이론과 근본적인 차이이며 이 때문에 먼 우주의 현상들, 암흑에너지, 암흑물질, 블랙홀 등에 대한 모순이 야기하고 있다. 이것에 대해서는 다음 장에서 다루고자 한다.

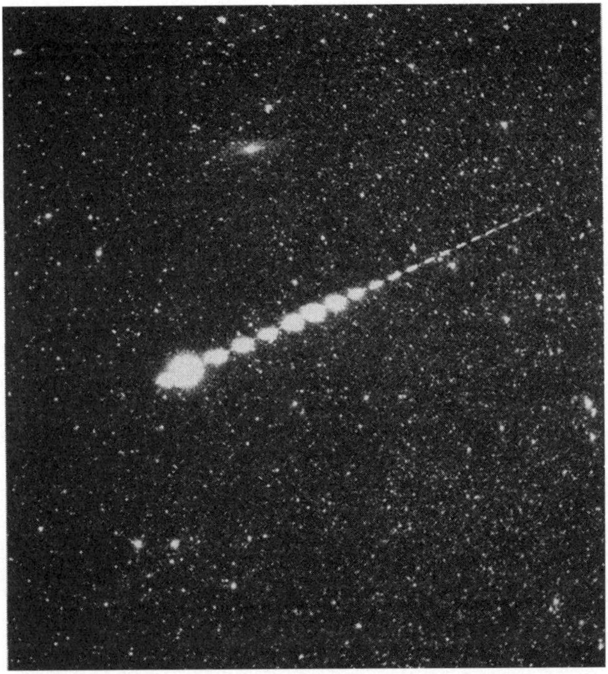

그림 39. 유성이 초고속으로 움직일 때 진공매질의 저항으로 유성이 왜곡되고 불연속적이 현상을 보인다. 1978년 8월 13일 중국 서부지방에서 관측된 대유성. 전형적인 페르세우스 유성우의 일종이다(과학동아 1993년 1월호).

제 3 장

우주를 다시 생각한다

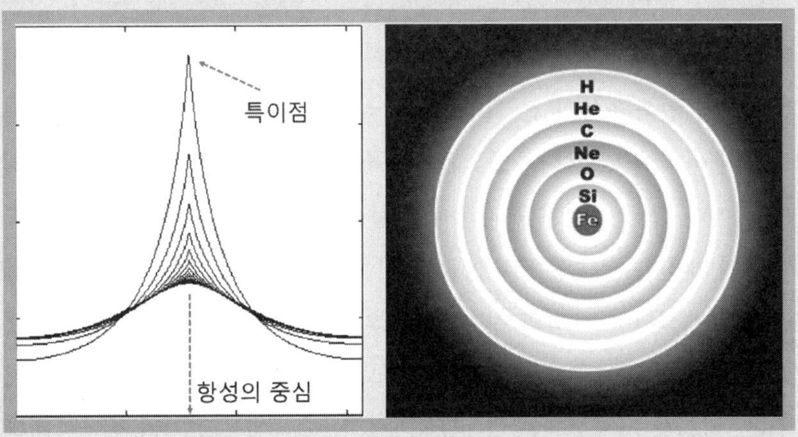

진공매질 속에 놓인 구형 물체의 내부응력은 중심으로 갈수록 급격이 증가하며 왼쪽 그림과 같이 특이점을 형성할 수 있다. 항성의 중심은 이와 같은 높은 압력 때문에 핵융합이 활발하게 일어나 철(Fe)과 같은 무거운 원소도 합성된다. 초신성이 폭발하기 전의 원형별 내부는 오른쪽 그림과 같이 양파 구조의 원소 분포를 하며 무거운 원소일수록 중심에 가까운 곳에 위치한다.

3.1. 우주의 기운은 어디서 오는가?

제2장에서 살펴보았듯이 모든 운동은 주위의 진공매질을 왜곡하며 이 왜곡으로 인하여 다른 물체의 운동을 유도한다. 물체의 관성운동은 진행방향과 그 반대방향에서의 진공매질의 왜곡을 수반하고 왜곡된 진공매질에 에너지가 저장된다. 물체가 회전운동을 하는 경우 회전궤도의 바깥쪽과 안쪽에서의 진공매질의 왜곡이 차이가 생긴다. 따라서 회전궤도의 바깥에 있는 다른 물체는 왜곡이 높아지는 방향으로 이동하려 할 것이다. 진공매질의 격자점이 방향성을 갖지 않고 진동한다면 진공매질의 왜곡은 점대칭으로 발달할 것이다. 이것이 질량이며 모든 질량은 진공매질의 격자점의 진동에너지와 다름이 아니다. 점대칭 진동으로 형성된 질량은 동시에 주변에 진공매질의 왜곡을 점대칭으로 발달시킨다. 이러한 왜곡상태는 (2.14)식과 같이 중심에서의 거리에 반비례하고 이를 통해 유도되는 가속도는 거리의 제곱에 반비례한다. 뉴턴의 중력이론과 동일하다. 진공매질의 왜곡이라는 관점에서 질량은 진동이라

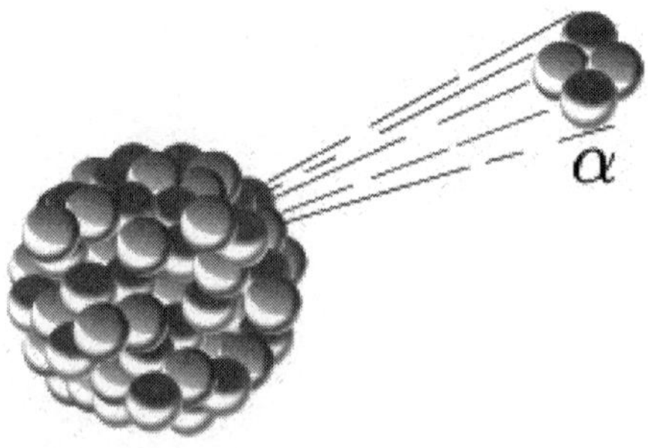

그림 40. 방사선 붕괴의 일종인 알파(α) 붕괴.

는 운동이고 이 운동의 대칭성이 깨질 때 진동의 중심점이 이동한다. 이것이 물질파이다.

우주의 기운은 진동매질의 떨림이다

태양과 같은 항성은 에너지 덩어리이다. 에너지가 많은 만큼 질량도 크고 그 크기만큼 주변의 진공매질을 왜곡한다. 이 왜곡은 항성의 내부에 상응하는 응력을 야기한다. 항성과 같은 구형의 물질 내부에 형성되는 응력분포를 도시하면 **그림 22**와 같을 것이다. 진구(眞球)의 중심은 매우 압력이 높은 상태에 놓여있다. 탄성이론으로는 중심점의 응력이 무한대가 되는 이상점(singularity)이 존재한다.

자연계에 존재하는 4가지 힘인 강력, 전자기력, 약력, 중력 중에서 전자기력을 기준으로 상대적 강도로 나타내면, 강력 20, 약력 10^{-7}, 중력 10^{-38}이다. 그런데 이러한 힘의 차이가 **그림 22**와 같은 중심에서의 거리에 따른 응력차이에 기인한 것이라고 가정하고 이 4가지 힘이 미치는 범위(거리)를 강력기준으로 (힘이 거리의 제곱에 반비례할 때) 환산해보자. 강력은 원자핵 사이에서 작용하는 힘으로 직경이 10^{-15} m 범위에서 그 크기는 1(상대적인 값)이라 할 때, 전자기력은 강력의 1/20이기 때문에 힘의 직경이 4.47×10^{-15} m, 약력은 1.41×10^{-11}m, 중력은 4.47×10^{4} m(~45 km)로 각각 환산된다. 전자기력이 원자 내 전자와 양성자간 힘이라 한다면, 강력범위 약 5배의 거리에 미치는 힘(응력)이라고 할 수 있다. 약력의 범위는 한 원자(헬륨)의 반경(covalent radium, 2.8×10^{-11} m)[76]과 유사하다. 따라서 이 힘은 원자 외곽에서의 응력이라 할 수 있다. 약력은 일반적으로 핵분열 시 원자핵의 에너지가 감소하는 방사선 붕괴와 연관이 있다고 알려져 있다.*[64] 따라서 약력은 핵분열 시 한 원자가 쪼개지면서 응력이 감소하는 에너지라 추정할 수 있다. 이렇듯 강력의 예에서도 알 수 있듯이 진구의 중심은 매우 높은 응력이 작용할 것이고 이러한 매우 높은 응력장에서 물질을 구성하는 원자의 거동이 매우 특이할 것으로 예상된다. 이러한 관점에서 중심부에 매우 높은 응력이 작용하고 있을 것으로 예상되는 우리 태양계의 태양, 행성 등의 구조를 살펴보고 자전과 공전이 이러한 응력과 연관이 있는지 고찰한 후 먼 우주 현상에 대해 새로운 진공 패러다임의 관점에서 고찰해보고자 한다.

3.2. 진공매질 속의 태양

태양은 빛이 8분 만에 지구에 도달할 수 있는 가장 가까운 항성이다. 지구는 태양의 주위를 공전하며 태양에서 발산되는 에너지로 지구의 생명체가 유지되고 있다. 그런데 어떻게 태양은 그 엄청난 양의 에너지를 항구적으로 발산해올 수가 있는 것인가? 물론, 모든 별(항성)들도 수명이 있어 그 에너지가 무한정하지 않으며 결국은 태양의 에너지도 소멸되어 언제인가는 "백색왜성"*[65]과 같은 초라한 별로 변할 것이다. 별의 일생

---

*64 그림 40은 방사선 붕괴의 일종인 알파(α) 붕괴를 도식하였다. 한 원자핵에서 알파입자가 방출되면, 해당 원자의 질량수는 4가 감소하고 원자번호는 2가 감소한다.

*65 한국천문학회 편《천문학용어집》p 306. 항성이 핵융합으로 에너지를 거의 모두 방출하고 도달하는 별이다. 중간이하의 질량을 가진 항성은 중심핵이 붕괴되어 온도와 압력이 상승하더

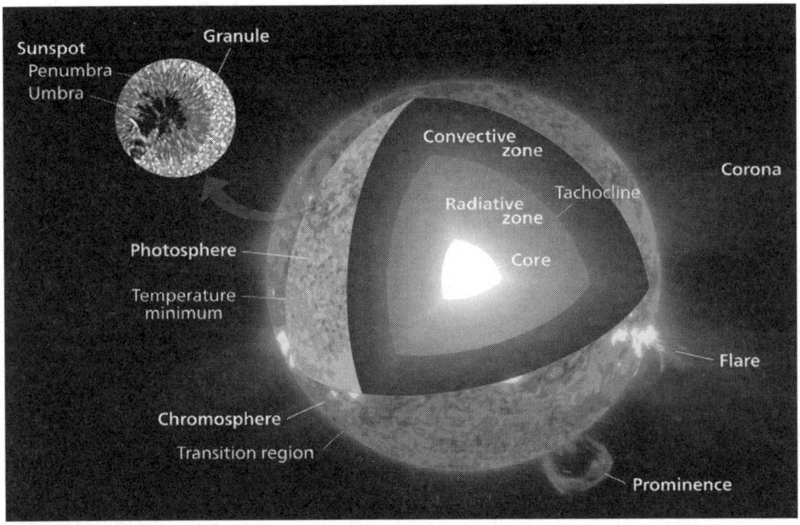

그림 41. 태양의 내부구조

주기에 관해서는 다음에 논의하기로 하고 여기서는 태양의 구조와 자전, 공전, 내부 대류 등의 거동에 대해 새로운 패러다임에 의거 살펴보고자 한다.

태양의 구조

태양은 무게비로 수소 74.9%, 헬륨 23.8%로 구성되어 있고 철 등 원자량이 높은 원소도 미량 포함하고 있다.[77] 태양의 구조는 **그림 41**과 같다. 중심핵(core)은 태양 중심에서 약 20~25% 거리의 영역이다.[78] 밀도는

라도 탄소 핵융합을 일으킬 만큼 충분한 온도에 도달하지 못하고 적색거성이 된 다음에, 외부 대기는 우주공간으로 방출되어 성운을 형성하고, 탄소와 산소로 이루어진 핵만이 남아 백색왜성을 형성한다.

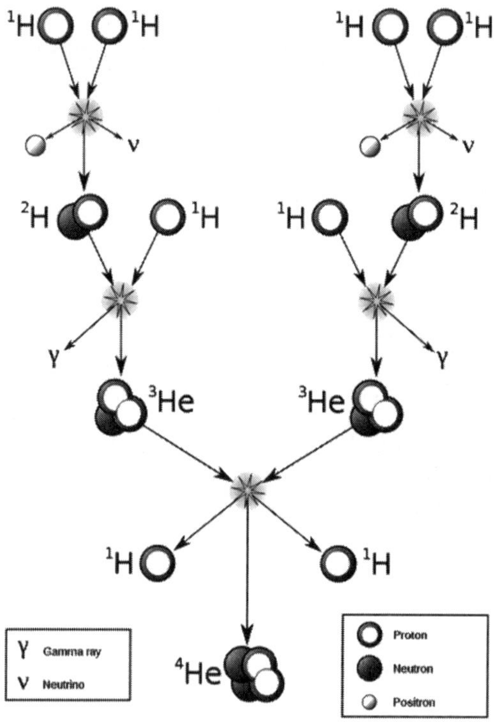

그림 42. 태양의 내부에서의 수소 핵융합에 의한 헬륨 생성과정: 양성자-양성자 연쇄 반응

물의 150배 정도이며 온도는 섭씨 15.7백만 도이다.[79] 최근 분석에 따르면 중심핵 부분은 그 위 복사층보다 빠르게 회전하고 있다고 한다.[80] 이 중심핵에서 태양은 핵융합으로 에너지를 만들고 이 과정에서 **그림 42**와 같이 수소는 헬륨으로 변한다. 태양 중심핵에서 반지름 70%에 해당하는 복사층(radiative zone)에서는 중심핵의 에너지를 바깥으로 전달하는 열복사가 일어난다. 이 층에서는 열대류는 전혀 일어나지 않으며

내부 물질은 위층으로 올라갈수록 냉각된다. 온도는 섭씨 700만 도에서 200만 도까지 떨어진다. 복사층 하단에서 최상층으로 올라가면서 밀도는 20 g/cm^{3}에서 0.2 g/cm^{3}로 떨어진다.[81] 표면에서 20만 km 깊이에 이르는 태양 바깥층에서 태양 플라스마는 밀도와 온도가 낮아져 내부 열에너지를 복사를 통해 밖으로 잘 전달하지 못한다. 그 결과 상승류가 뜨거운 물질을 태양의 표면 광구(photosphere)까지 올려 보내는 열적 대류(convective zone)가 발생한다. 대류층 에서 일어나는 상승류는 태양 표면에 쌀알 무늬(granule)를 형성한다.

태양내부에서 일어나는 일들—수소의 압착, 헬륨의 생성

태양의 구조와 움직임을 요약하면, 중심핵은 매우 빠른 속도로 자전하며 핵융합으로 에너지를 생성하고, 복사층은 중심핵의 에너지를 전달하며 자체 자전하지만 그 자전 속도는 중심핵보다 느리다. 대류층은 기체(플라즈마)의 대류에 의해 열을 외부로 전달한다. 새로운 진공 패러다임에 의하면, 태양은 진공매질의 영향으로 **그림 22**와 같이 중심에 매우 높은 응력상태인 것으로 추측할 수 있다. 왜곡의 정도는 2.6절에서 논의한 바와 같이 중심에 근접할수록 가파르게 상승할 것이기 때문이다. 심한 왜곡 상태로 인하여 이 부근에 수소원자는 높은 응력을 견디지 못하고 전자와 양성자가 중성자로 변하는 핵융합을 할 것이며 이 과정에서 안정한 헬륨 원자가 생성된다. 이를 양성자-양성자 연쇄반응(p-p chain, **그림 42** 참조)이라 하며 대부분의 태양 내부에서 일어나는 핵융합 반응으로 알려져 있다.[82] 핵융합 에너지가 방출되어 중심핵의 온도가 매우 높다.

헬륨 원자 생성 시 4개의 수소원자가 관여한다면, 두 전자-양성자 쌍이 소멸되어 2개의 중성자가 생성된다. 이 경우 전자와 양성자간의 위치에너지가 빛과 중성미자로 방출될 것이며*66 이것이 태양에너지의 핵심이라 할 수 있다. 지구 주변의 대부분의 중성미자는 태양의 핵반응으로 생성되는 중성미자이다. 평방 센티미터에 초당 650억(6.5×10^{10})개의 중성미자가 지구에 도달한다. 물론 생성된 중성자 또한 어느 정도 에너지를 가지고 있다고 할 수 있다. 이 에너지도 태양의 중심부와 같이 초고온고압의 환경에서 압착되어 방출할 것이다. 2.4절에서 언급하였듯이 원자량이 높은 원소일수록 에너지가 낮은 중성자로 구성되며 **그림 25**와 같이 잉여중성자 수도 많아진다. 항성의 내부에서 무거운 원소를 생성하는 과정에서 항성이 초신성으로 폭발하면 에너지가 높은 상태의 중성자가 진공매질에 노출되어 베타붕괴와 같은 과정으로 양성자와 전자(+반 중성미자)로 붕괴하면서 에너지를 방출하기도 한다.[83] 아직 태양은 건재하며 핵융합 과정에서 생성된 헬륨도 태양 핵의 초고온, 고압하에서 원자량이 높은 원소로 바뀔 것이다. 중심핵은 이러한 핵반응으로 매우 밀도가 높은 (온도가 높아) 유체형태로 되었을 것으로 추정되지만 태양 중심부와 가장 근접한 곳에는 에너지가 소진된 진공매질과 가까운 물질로 구성될 수도 있음을 배제할 수 없다.

---

*66 향후 우리는 물질의 근원이 빛과 같은 전자기파이고 이 전자기파의 에너지가 높아지면 전자와 양전자가 생성되고 양전자가 진공격자점에 포획된 것이 양성자라 규정한다. 전자와 양성자가 반응한다면 전자와 양전자가 결합하여 전자기파 형태로 에너지를 방출할 것이며 일부 남은 에너지가 진공격자에 포획되어 있는 것이 중성자이다. 아직 에너지가 방출되지 않은 상태의 중성자는 핵분열에서 확인되는 중성자로 에너지가 매우 높은 상태라 할 수 있다.

진공매질을 가르는 태양의 자전과 공전

태양의 중심핵은 그 위 복사층보다 빠르게 회전하고 있다. 태양의 자전 속도는 적도에서 7.189×10^3 km/h(약 2 km/s)이다.[84] 중심핵은 회전주기가 약 4배 빠르지만[85] 중심에서의 거리가 표면보다 3/4 짧기 때문에 평균 선(線)속도는 유사하다. 이러한 회전으로 인하여 회전축과 수직한 면에서 진공매질이 추가로 왜곡되고 질량과 중력의 비대칭성이 야기된다. 태양이 완전한 진구가 아닌 이유이다. 편평도가 9×10^{-6}로서 적도지름이 극지름보다 10 km 긴 타원이다. 태양이 진구가 아닌 것은 방향성을 가진 내부 자전이 주된 이유로 추정되지만 **그림 43**과 같은 원반형의 우리 은하의 구조에 영향을 받거나 태양계를 구성하는 행성들의 영향도 있을 것이다.

항성의 내부는 매우 압력이 높아 핵융합이 진행되고 핵융합으로 발생된 에너지가 분출된다. 에너지가 분출되는 것은 마치 풍선이 공기를 배출할 때 추진력을 얻는 것과 같이 태양의 내부핵도 추진력을 얻어 움직일 것이며 이 추진력의 벡터합이 0이 아니면 에너지 분출의 불균형에 따른 회전 모멘텀이 생길 것이다. 이것이 태양(기타 항성도 포함)의 자전의 원인이라고 생각할 수 있다. 태양은 고체가 아니기 때문에 중심핵의 회전속도와 복사층의 대류속도는 당연이 다르며 복사층의 회전속도가 중심핵의 회전속도보다 낮을 것은 당연하다. 태양이 수소와 헬륨으로 구성된 액체일 터인데 어떻게 자전으로 인한 원심력 때문에 태양은 원반처럼 변하기 않는 것일까? 태양은 우리 은하를 중심으로 평균속도 8.28×10^5 km/h(230 km/s)로 공전하고 있다.[86] 태양의 공전은 필연적으

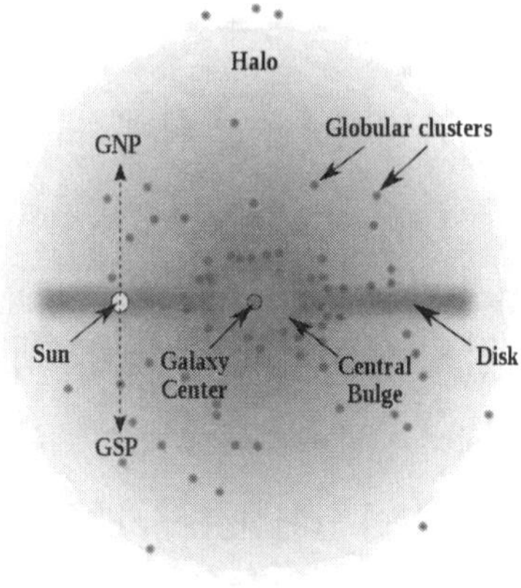

그림 43. 우리 은하의 모습과 태양의 위치

로 주위 진공매질에 대한 또 다른 왜곡을 야기한다. 즉, 공전의 전진방향에서 압축응력이 추가적으로 생성되어 태양 자전으로 인한 변형을 억제할 것이다. 이 두 가지 힘이 작용하여 지금의 편평도를 유지한다고 할 수 있다.

한편 태양은 우리 은하를 중심으로 공전하고 있는 것과 마찬가지로 태양계의 행성도 (2.17)식과 같이 속도로 공전하며 그 속도는 태양 질량의 제곱근에 비례한다. 동일한 기준을 태양에 적용하여 우리 은하의 질량을 (2.17)식에 의거 예측하면 태양질량 $M_{\odot}$의 9.99×10^{10}배이다. 은하 중심까지의 거리 a= 26,500광년을 대입하였다.[87] 궤도운동 시 질량은 궤도 안쪽의 질량만 관여하며 우리 은하 끝단의 항성의 궤도운동으로 예측한 값은 $7 \times 10^{11} M_{\odot}$이다.[88] 태양은 **그림 43**과 같이 은하의 중심부에 있지 않지만 끝단에서도 떨어져 있다. 따라서 우리 은하에서 태양의 외곽에 있는 질량은 태양의 궤도안쪽에 있는 은하의 질량에 비해 6

배 크다고 할 수 있다. $7\times10^{11}M_{\odot}-9.99\times10^{10}=6\times10^{11}M_{\odot}$. 하지만 그림 43을 참조하면, 상당한 질량이 은하 중심부에 집중되어 있는 것처럼 보이고 태양의 외곽에 존재하는 질량은 상대적으로 적을 것으로 추정된다. 은하의 중심에는 매우 질량이 높은 블랙홀이 존재한다고 알려지고 있다.[89] 따라서 은하의 질량이 태양 외곽에 보다 많은 것은 우리가 볼 수 없는 암흑물질의 존재를 암시한다.[*67] 새로운 진공 패러다임에서는 블랙홀은 질량이 매우 큰 존재가 아니고 그 반대인 것으로 추정한다.[*68] 이 경우 태양외곽의 질량이 큰 것은 암흑물질 없이 이해할 수 있다. 하지만 태양외곽의 물질이 회전하면 회전면에서 진공매질의 왜곡에 의한 추가 질량이 발생하기 때문에 (2.17)식에 의해 계산되는 태양외곽의 질량이 높을 수 있다는 것도 생각할 수 있다.

3.3. 차가운 별—지구

태양계의 행성들은 약간의 차이가 있지만 황도면이라 불리는 하나의 평면에서 태양과의 거리를 달리하면서 공전하고 있다. 태양 주위를 도는 8개의 행성 중 지구는 수성, 금성 다음으로 태양과 가까운 거리에 있다. 태양을 중심으로 궤도 둘레 924,375,700 km를 365.256일 공전하며 평균 공전 속도는 1.072×10^{5} km/h(27.8 km/s)이다.[90] 지구는 태양과 마찬가지로 진구가 아니며 적도 지름 12,756 km이고 극 지름 12,714 km로

*67 암흑물질에 대해서는 4.2절에서 상세히 다룬다.

*68 블랙홀에 대해서는 3.7절을 참조하기 바란다.

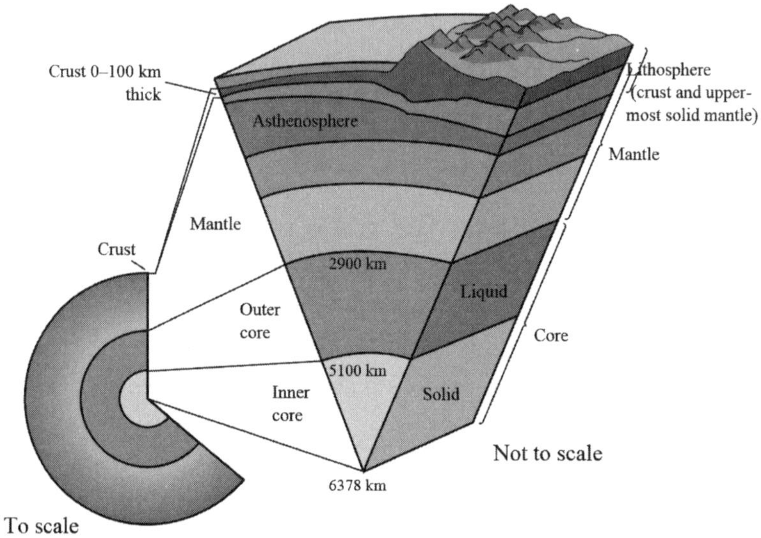

그림 44. 지구의 내부구조

서 적도지름이 42km 길다. 태양의 적도지름이 극 지름보다 10km 긴 것에 비해 상당히 크다고 할 수 있다. 지구의 자전 주기는 23.934 시간이고 (정확히 24시간이 아니다.) 적도에서의 자전 속도는 1674 km/h(465 m/s)이며 자전축 기울기는 23.439281°이다. 태양보다 훨씬 밀도가 큰 물질로 구성되어 있으며 평균 밀도는 5.5 g/cm^{3}이다. 지구 전체의 90% 이상이 맨틀, 핵으로 구성되었는데 상세 구조는 **그림 44**와 같다.[91]

지구의 구조

지구의 내부구조는 층상 구조를 이루고 있다. 가장 바깥부분부터 지각, 맨틀, 핵 순이다. 핵은 다시 외핵과 내핵으로 나뉜다. 지각은 그 두께가 지구 반지름에 비하여 매우 얇고 지역에 따른 구조 및 성분의 변화가 심하다. 지각은 다시 밀도에 따라 대륙지각(약 2.7 g/cm^3)과 해양지각(약 3.0 g/cm^3)으로 나뉜다. 지각의 맨 아래 부분인 모호로비치치[*69] 불연속면(모호면)을 경계로 맨틀이 시작되며 깊이 2,900 km에 이른다. 맨틀은 단단한 암석으로 이루어져 있지만 매우 느린 유체처럼 행동하여 대류를 일으킨다. 핵은 맨틀이나 지각이 광물로 이루어진 것과는 달리 철과 니켈이 주성분인 금속으로 되어 있다. 핵은 깊이 5,100 km를 경계로 외핵과 내핵 두 층으로 나뉜다. 외핵은 S파가[*70] 이동하지 못해 액체 상태이고 (밀도 9.9~12.2 g/cm^3), 내핵은 고체 상태일 것으로 추정된다 (밀도 12.8~13.1 g/cm^3).[92] 지구의 중심에서 1,220 km까지가 내핵이고 3,400km까지는 철과 니켈이 액체로 존재하는 외핵이다. 내핵의 온도는 섭씨 5,500도 이상, 외핵의 온도는 섭씨 3,000~5,500도로 추정된다. 외핵은 지구의 공전과 열역학의 영향을 받으며 대류하고 있으며, 외핵의 전도성 유체의 운동에 의해 지구의 강력한 자기장이 유지되고 있다고 생각되고 있다. 외핵은 지구의 자전속도와 비슷한 속도로 회전하지만 최근 연구에서 1년에 0.1~0.5° 빠르게 회전하는 것으로 밝혀졌다.[93]

태양이 활화산이면 지구는 사화산으로 불릴만하다. 이미 많은 에너지를 소모한 무거운 원소들로 구성되어 있기 때문이다. 태양과 달리 철이나 니켈 등 매우 무거운 원소가 핵을 구성하고 있다. 3.5절을 참조

*69 Andrija Mohorovicici (1857. 1~1936. 12) 크로아티아 출신 유고슬라비아 지구물리학자이다. 모호로비치치 면을 발견하였다.

*70 Secondary wave. 지진파의 일종으로 횡파이다. 속도는 3~4 m/s이며 고체에서만 전파된다. 진폭이 커서 종파인 P파(Primary wave, 속도 7~8 m/s)에 비해 지진피해가 크다.

하면, 초신성이 형성되기 전의 거대한 별의 중심에는 초고온 고압의 작용으로 무거운 원소들도 핵융합으로 생성된다. 이 거대 별들이 초신성으로 폭발하면 무거운 원소들도 방출되고 이들의 잔해가 뭉쳐 또 다른 별이 된다. 지구의 구성하는 무거운 원소는 초신성으로부터 온 것이다. 새로운 진공 패러다임의 관점에서 보면, 진공 매질에 의한 압력은 태양에 비해 매우 낮으며 (질량이 태양의 백만분의 3) 지구 내부에서 핵융합의 빈도는 매우 낮고 따라서 중심핵의 온도는 태양 온도 13.6백만 도에 비해 매우 낮다. 내핵이 고체 상태인 것은 에너지가 소진된 상태를 의미하는 것이고 극단적으로 지구의 내핵의 일부 물질은 에너지가 모두 소모된 진공매질과 유사한 상태인 것으로 상상할 수 있다. 2.4절의 **그림 25**를 참조하면 무거운 원소일수록 원자핵의 중성자가 양성자에 비해 상대적으로 많아진다. 이 잉여중성자는 양성자와 전자가 가진 에너지가 방출된 상태이고 따라서 지구 내핵의 원소는 현재 발견되거나 합성된 원소보다 중성자수가 많고 원자량이 훨씬 높은 원소로 구성되어 있을 가능성도 배제할 수 없다. 온도가 더 높은 내핵이 고체로 추정되는 것은 이해할 수 없지만 내핵이 고체라고 한다면 우리가 알고 있는 원소가 아닌 중성자의 밀도가 매우 높은 (원자번호가 아주 큰) 원소로 구성되었을 것이다. 외핵은 온도는 높지만 중심에서 벗겨나 있기 때문에 움직임이 내핵 보다 자유로운 액체 상태로 되어 있다. 이것은 아직 핵융합으로 분출된 에너지가 운동에너지로 남아있다는 뜻이다.

지구의 운명을 결정하는 자전과 편평도

지구는 편평도가*71 0.0034[94]로 태양보다 훨씬 크다. 태양에서 핵분열이나 핵융합에 의한 에너지 발산은 내핵의 회전을 야기하고 이것이 편평도에 영향을 미칠 것이다. 하지만 지구는 수소가 없기 때문에 핵융합에 의한 에너지 발산이 거의 없을 것이고 밀도가 태양보다 높고 무거운 원소로 구성되어있기 때문에 편평도가 태양보다 작을 것 같은데, 왜 태양보다 클까? 한편 지구와 그 크기, 밀도와 질량이 유사한 금성은 편평도가 0이다.[95] 이러한 차이는 앞서 태양의 자전과 편평도에 대해 언급하였지만 지구와 금성의 자전속도의 차이에 그 원인을 찾을 수 있다. 지구의 적도에서의 자전에 의한 속도는 초당 1674.4 km인 반면 금성은 6.52 km이다.[96] 금성은 내부의 에너지가 자전을 유도할 힘이 없다. 따라서 금성의 자전주기는 -243일로 공전주기 225일과 거의 같다. 지구의 자전에 의한 에너지는 핵융합 에너지의 잔재로서 방출되지 않는 에너지가 무거운 원소의 회전에너지로 남은 것이라 할 수 있다. 3.6절에서 초신성의 잔해인 중성자가 초고속으로 회전하는 것도 이와 같은 경우라 할 수 있다. 앞선 태양의 거동에서 언급하였듯이 지구의 자전은 자전축과 수직한 면에서의 진공매질의 비대칭적 왜곡을 야기하고 지구의 편평도에 영향을 미친다. 지구의 자전과 편평도의 영향으로 적도에서의 중력가속도가 9.780 m/s^2이고 극은 9.832 m/s^2로 0.5% 차이가 있다.[97] 진공의 새로운 패러다임의 관점에서 보면, 편평도의 영향으로 적도표면이 중심에서 더 멀기 때문에 진공매질의 왜곡이 상대적으로 약하고 자전으로

*71 편평도=(적도반경−극반경)/적도반경

인하여 적도표면 근방에서의 진공 매질의 왜곡이 추가로 감해져 이런 차이를 나타낸다.

금성 이외의 다른 행성의 편평도와 자전주기(자전속도)와의 관계를 일관적으로 설명할 수 있을 것인가? **그림 45**와 **그림 46**에 태양계 행성들의 편평도와 자전주기를 도시하였다. 편평도가 0인 수성과 금성의 자전주기는 편평도가 높은 타 행성에 비해 매우 긴 것을 알 수 있다. 개략적으로 편평도가 클수록 자전주기가 짧다. 태양의 편평도는 수성이나 금성을 제외하고는 매우 작은 편이다. 따라서 자전주기가 상대적으로 길다. 태양의 밀도가 지구보다 낮아 중심부의 회전력이 전체 항성에 전달되지 않아 자전주기가 짧아지지 않을 것으로 생각할 수 있지만 실제 중심부의 회전속도는 표면의 4배에 불과하다. 편평도가 낮다는 것은 중심부의 회전속도도 낮을 것임을 암시한다. 지구는 외피가 단단한 맨틀로 구성되어 있고 외핵의 자전속도가 보다 빠르다는 사실로부터 외핵

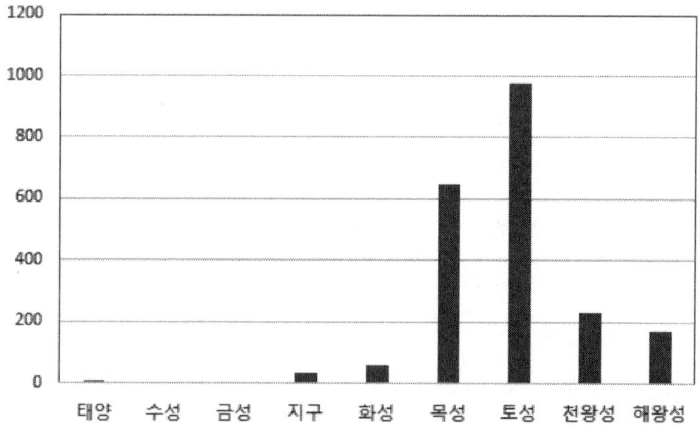

그림 45. 태양계 행성들의 편평도(단위: 10^{-4})

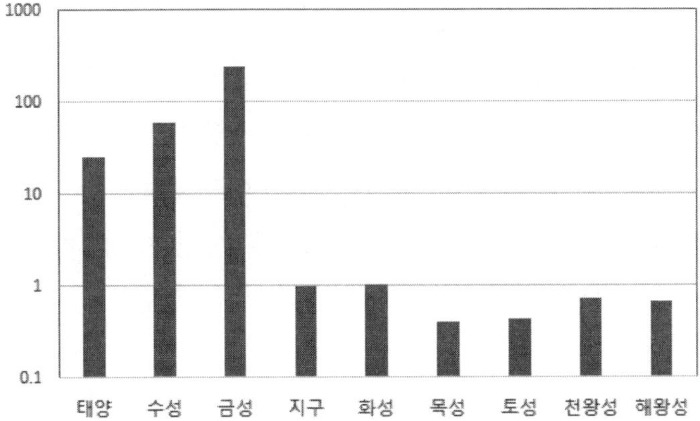

그림 46. 태양계 행성들의 자전주기 (단위: 일)

과의 경계면에서 마찰열이 발생할 것이고 이 열은 지구 밖으로 방출될 것이다. 지진이나 화산활동 등이 그 예이다. 이를 통해 지구의 내부 에너지가 감소하고 외핵의 자전속도도 감소하여 지구의 자전은 멈추게 될 것이고 편평도는 0이 될 것으로 예상할 수 있다. 2006년 12월 4일 한겨

레 인터넷 신문은 지구의 자전속도가 점점 감소하여 3억 6천만 년 뒤에는 하루가 25시간이 되고 75억년 뒤에는 지구 자전이 완전히 멈추게 된다고 하였다.[98] 이 매체는 우리가 추정하는 것과는 달리 지구의 자전속도를 느려지게 하는 가장 큰 원인은 달 때문에 발생하는 '기조력'이라는 힘이라 하였다. 어느 주장이 맞을지 모를 일이지만 지구의 하루는 점점 길어질 것은 분명하다.

3.4. 태양을 닮은 목성

목성(木星, Jupiter)은 **그림 45**와 **그림 46**에 나타낸 바와 같이 편평도가 지구보다 20배가량 크고 자전주기는 지구에 비해 짧다(약 0.4일, 9.9 시간). 그만큼 보유 에너지가 많고 지구보다 젊다고 할 수 있다. 행성 중에는 토성과 유사하며 태양계에서 가장 큰 행성이다. 질량은 태양 질량의 약 1/1000배에 달하며 태양과 마찬가지로 주로 수소로 이루어져 있고 헬륨은 질량의 25%를 차지한다.[99] 목성의 질량은 태양계의 다른 모든 행성을 합한 질량의 2.5배이지만 밀도는 1.326 g/cm^3(태양 1.408 g/cm^3)로 상당히 낮다. 하지만, 태양과는 달리 목성은 무거운 원소로 이루어진 암석형 핵을 가지고 있으며, 다른 거대행성들과 같이 뚜렷한 고체 표면이 없다.[100] 빠른 자전은 목성 내부에서 활발히 에너지가 생성되고 있고 에너지의 일부가 무거운 원소의 회전력으로 전이되고 있음을 의미한다. (태양은 내부에서 활발히 에너지가 생성되고 있지만 자전속도가 느리다.) **그림 47**은 목성의 내부구조를 개략적으로 보여준다. 중

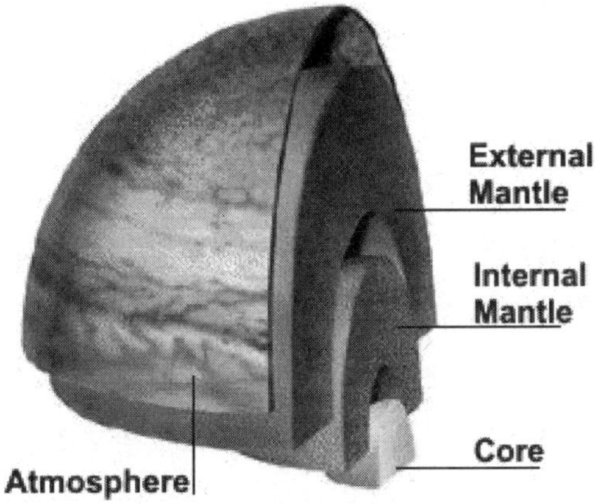

그림 47. 목성의 내부구조

심핵의 존재 유무는 확실치 않으나 그 질량은 지구의 질량의 12~45배 또는 목성의 총질량의 대략 4~14% 정도일 것으로 추정된다.[101] 이 핵은 밀도가 높은 금속성 수소액체로 둘러싸여 있다. 이 수소액체 층은 목성의 반지름의 약 78%까지 뻗어 있다. 금속성 수소층 위에는 수소로 이루어진 초임계 유체 상태의 투명한 안쪽 대기가 자리 잡고 있다. 목성의 상층부 대기는 질량비로는 수소가 약 75%, 헬륨이 24%이며, 나머지 1%는 다른 원소들로 이루어져 있다. 목성의 내부는 71%가 수소, 24%가 헬륨, 5%가 다른 원소들로 이루어져 있어 밀도가 상대적으로 높다. 목성 내부의 온도와 압력은 중심으로 가면서 급격하게 증가한다. 표면에서는 압력이 10기압, 온도는 약 섭씨 67도, 수소가 임계점 이상으로 가열되어 금속성을 띠게 되는 상전이 영역의 온도는 섭씨 10,000도이며 압력은 200GPa(약 200,000기압)로 추정된다. 핵의 경계에서의 온도는 섭씨 36,000도, 압력은 대략 3,000~4,500GPa로 추정된다.[102]

태양과 닮은 목성의 운명

기존의 이론은 목성의 암석형 핵이 주위의 수소를 끌어 당겨 (중력의 작용으로) 지금과 같은 목성을 형성하였다고 하지만,[103] 목성의 중력 측정이 정확하지 않아 이를 단정할 수 없다고 한다.[104] 수소로만 구성된 초기의 목성이 내부의 핵융합으로 에너지를 발산하고 무거운 원소를 생성하여 암석형 핵이 되었을 가능성을 배제할 수 없다. 태양이나 더 큰 별의 경우에도 이러한 핵융합으로 생성된 에너지가 외부로 발산하고 에너지가 낮은 무거운 원소가 생성되어 액화, 응고과정을 서서히 거치지만 핵융합과정으로 인한 에너지 생성속도가 발산속도보다 커지면 폭발하여 고형의 핵만 남을 것이다. (이것이 초신성 및 그 잔해인 중성자별의 생성되는 원리이다. 3.5절 참조) 목성의 경우 이러한 폭발과정은 거치지 않고 서서히 에너지가 발산한다면 그 크기가 서서히 줄면서 암석형 핵은 점점 커지게 될 것이다. 실제 목성은 그 크기가 1년에 2 cm씩 감소하고 있다.[105] 에너지 방출 속도가 낮으면 천왕성과 같이 메탄과 같은 액체연료가 생성될 수도 있을 것이다. 직경이 작으면, 중심부의 압력도 낮아져 질량이 큰 물질을 생성하기 힘들 것이다. 요약하자면, 태양이나 태양보다 큰 항성들은 내부압력이 높고 핵융합에 의한 에너지 생성속도가 발산속도보다 높으면 폭발로 인하여 매우 밀도가 높은 중성자별을 형성하고 내부압력은 높으나 폭발하지 않을 경우 내부에 원자질량이 높은 원소로 구성된 핵이 성장할 것이며, 내부압력이 상대적으로 낮을 경우 물이나 액체연료 등을 형성하게 될 것이다.

3.5. 초신성—진공매질 압축에너지의 폭발

앞서 우리는 항성인 태양과 행성인 지구, 목성의 내부구조와 거동을 새로운 진공 패러다임의 관점으로 해석해보고자 하였다. 새로운 패러다임에 의하면, 항성이나 행성의 내부는 주변의 진공매질 왜곡에 대응하여 매우 높은 압력이 존재할 것으로 예상되고 가벼운 원소는 핵융합 등을 통하여 무거운 물질로 변화하는 과정이 있음을 유추할 수 있다. 이러한 과정에서 에너지가 압착되어 집중되고 일부는 방출되어 우주공간으로 발산된다. 초신성[*72]은 이러한 에너지 발산과정이 매우 급격히 일어난 '사건'으로 질량이 매우 높은 항성이 외부 진공매질에 의해 내부 압력이 매우 높아지면 어떻게 거동하는 것인지를 잘 보여준다. 새롭고 밝은 별이 갑자기 나타났다가 몇 주 또는 몇 개월 동안 서서히 사라진다.

초신성의 역사

지난 천년동안 우리 은하에서 맨눈으로 3번 초신성이 목격되었으며, 망원경이 생기기 전까지 5개의 초신성만 목격되었다. 우리 은하에서 가장 최근에 목격된 것은 1604년의 케플러 초신성(지구에서 20,000광년의 거리, **그림 48** 참조)이다.[106] 최초로 기록된 초신성인 SN185는 서기 185년 중국 천문학자들이 발견하였고 최대 초신성은 SN1006(**그림 49**)으로 서기 1006년 중국과 이슬람 천문학자들이 발견하였다.[107] 초신성 SN1572

*72 초신성은 영어로 supernova이며 Walter Baade(1893. 3~1960. 6, 독일 천문학자)와 Fritz Zwicky(1898. 2~1974. 2, 스위스 천문학자)가 1931년 처음 사용했다.

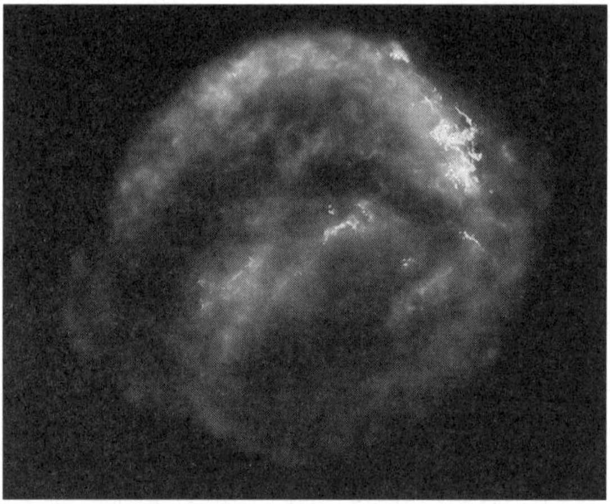

그림 48. 케플러 초신성 잔해, SN 1604의 X선, 적외선, 광학 이미지(20,000 광년, Wikipedia "SN 1604" 참조)

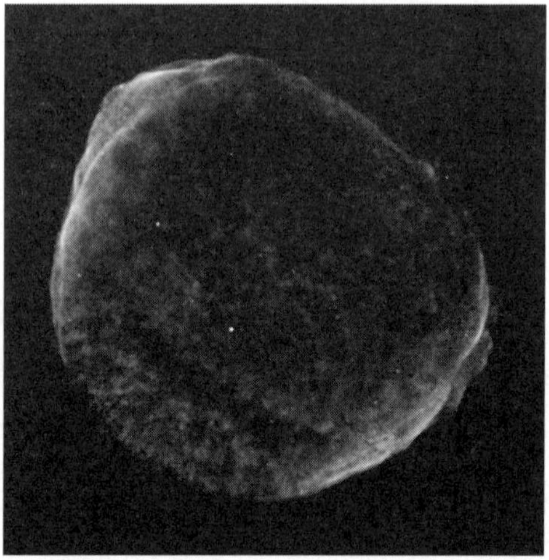

그림 49. SN 1006의 잔해 X선 이미지. 최근까지 가장 밝은 초신성으로 기록됨 (Wikipedia "SN 1006" 참조).

그림 50. SN 1994D(왼쪽 아래), Ia형 초신성. 그 옆의 은하 NGC 4526보다 밝다(Wikipedia “SN 1994D” 참조).

와 SN1604(케플러 초신성)는 우리 은하에서 맨눈으로 목격된 최후의 초신성들이다. 지금은 멀리 있는 초신성을 보는 일은 일상이 되었고 현재 매년 수백 개가 관측된다. 지금까지 가장 밝은 초신성은 ASASSN-15lh으로 2015년에 처음 관측되었고 밝기는 태양의 5,700억 배이다.[108] 이것의 정체는 아직 확실치 않다고 한다. 초신성은 속도 30,000 km/s로 별의 대부분 물질은 토해낸다.[109] 이때 충격파가 발생하고[110] 주변의 기체 먼지를 쓸어내며 초신성 잔해를 형성한다. 초신성은 질량이 큰 원소 생성에 기여하고 충격파가 새로운 별의 형성을 매개하기도 한다.[111]

초신성의 종류

초신성은 거리에 따라 적색편이(red shift)[*73] 정도가 다른데, 초신성의

*73 물체가 내는 빛의 파장이 늘어나 가시광선 영역에서 붉게 보이는 현상, 즉 적색으로 편이

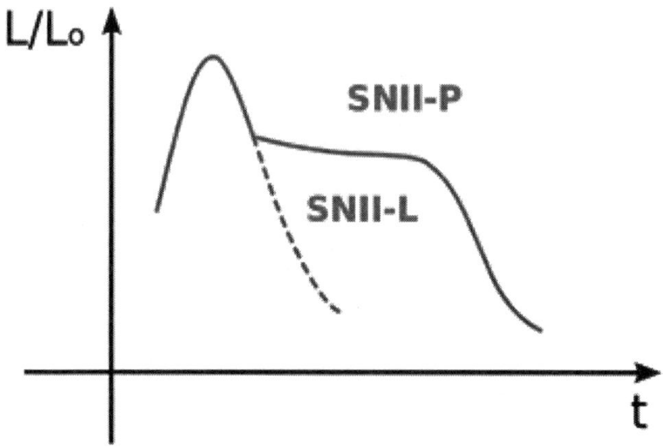

그림 51. 광도곡선의 형상에 따라 II–P와 II–L형으로 분류되는 초신성 (SN = Supernova)

광도곡선(초신성 탄생 후 시간에 따른 초신성 광도 변화)의 모양에 반영된다. 이것은 초신성 스펙트럼이라 하며 초신성 물리와 주변 물질연구에 활용된다. 초신성은 광도곡선과 스펙트럼에 나타나는 흡수선에 의해 그 종류를 분류할 수 있다. 초신성 스펙트럼에 수소 흡수선(가시광선의 발머계열[*74])이 있으면 II형, 아니면 I형이다. I형 초신성 중 Ia형은 이온화된 규소(Si) 흡수선이 있고 Ib형과 Ic형은 규소 흡수선이 없다. 이 중 Ib형은 헬륨 흡수선이 있고 Ic형은 없다. 소수의 Ic형 초신성은 스펙

하는 현상이다. 빛을 내는 천체가 관측자로부터 멀어지면 빛의 파장이 길어진다. 적색편이의 반대말로 빛의 파장이 줄어들어 보이는 현상은 청색편이(blueshift)라고 하며, 빛을 내는 물체가 관측자에 가까워지거나, 빛이 중력장 안으로 들어갈 때 발생한다.

*74 Balmer series, 수소의 가시광선 스펙트럼의 들뜬상태 3에서 2로 전이될 때 특정파장의 빛이 방출됨: 410, 434, 486, 656nm. 우주에 가장 흔한 수소의 스펙트럼을 이용하여 천문학 연구에 활용함.

트럼이 매우 완만하고 여러 흡수선이 겹쳐 있는데 이것은 매우 큰 팽창 속도를 의미한다. 이것은 Ic-BL형으로 분류된다.[112]

초신성은 거대별의 생애 마지막 단계에서 대폭발하는 천문학적 현상으로 (기존의) 이론적으로 두 가지 원인에 기인한다. 첫 번째 경우는 백색왜성이 주변 짝별의 물질을 흡수, 온도가 높아져 핵융합을 촉발하여 초신성이 되는 경우이다. 두 번째 경우는 갑작스런 중력축퇴로 중력위치에너지가 초신성으로 발산하는 것이라고 알려져 있다.

초신성은 왜 생기는 것일까?—열폭주 이론

첫 번째 이론이 백색왜성의 열폭주(thermal runaway) 이론이다. 백색왜성이 그림 52와 같이 짝별로부터 충분한 물질을 공급받아 핵의 온도가 올라가면 탄소 핵융합 일으키면서 열폭주가 시작된다. 이것이 Ia형 초신성 탄생 이론이지만 아직 불분명하다.[113] 탄소-산소로 구성된 백색왜성이 성장하여 찬드라세카*75 한계에 도달하면 (1.44 $M_{\odot}$, 태양질량) 더 이상 전자 축퇴압(電子 縮退壓, Electron degeneracy pressure)*76이 중력을 견디지 못하고 붕괴한다. (새로운 패러다임에서는 중력 자체가 존재하지 않으며 이 경우 중력이라는 힘은 진공매질에 의한 압축응력이다. 별이 클수록 이 압축응력이 커질 것이며 임계점 이상에서 핵융합에

---

*75 Subrahmanyan Chandrasekhar(1910. 10~1995. 8) 인도계 미국 천체물리학자. 별의 구조의 진화에 대한 연구업적으로 1983년 노벨물리학상을 수상. 백색왜성에 대하여 찬드라세카 한계를 발견.

*76 하나 이상의 전자가 동시에 같은 위치를 가질 수 없다는 파울리 배타 원리에 의해 발생하는 힘으로 백색왜성을 붕괴로부터 막아주는 힘이다.

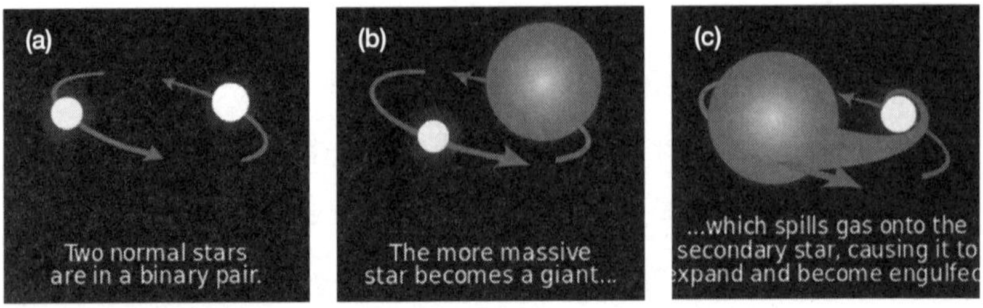

(a) 두 개의 별이 쌍을 이룬다.

(b) 큰 별이 더 커진다.

(c) 작은 별에 가스를 공급, 팽창하게 만들고 큰 별에 흡수된다.

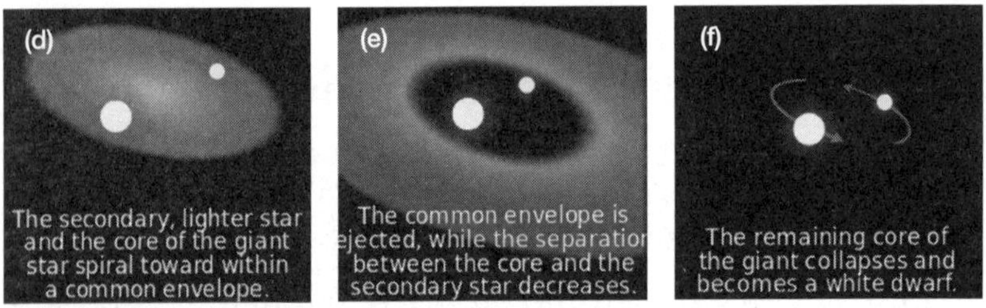

(d) 큰 별의 핵과 작은 별이 공동의 가스공간으로 회전해 들어간다.

(e) 공동의 가스공간이 밖으로 배출되고 큰 별의 핵과 작은 별이 가까워진다.

(f) 큰 별의 핵이 붕괴하여 백색왜성이 된다.

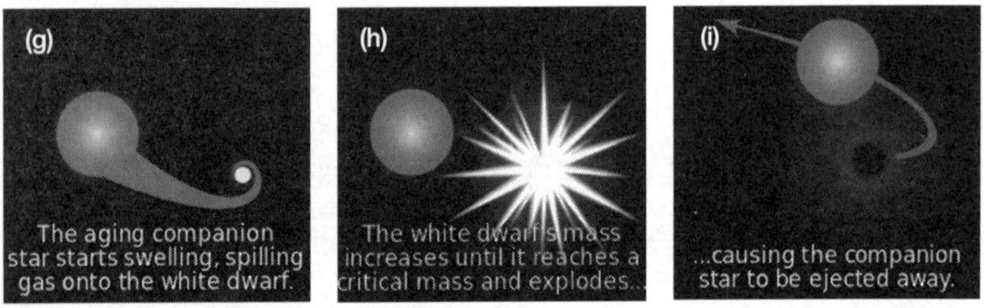

(g) 작은 별이 늙어 백색왜성에 가스를 보낸다.

(h) 백색왜성의 질량이 증가하고 임계 질량에서 폭발한다.

(i) 늙은 별을 우주로 날려 보낸다.

그림 52. Ia형 초신성의 탄생 과정

의한 에너지 생성이 방출속도보다 빨라질 것이다.) 이 한계에 접근하면, 핵 내부의 온도와 밀도가 올라가면서 탄소가 용융되기 시작한다. 이후 몇 초 내에 백색왜성 내 상당부분의 물질이 핵융합하고 에너지($1\sim2\times10^{44}$ J)를 분출하여 초신성이 된다.[114] 이때 광속 약 3%의 충격파가 발생하고 밝기가 절대등급*77으로 −19.3(태양보다 50억 배 밝음)이 된다. 그림 52를 참조하면 쌍성계에서 큰 별이 먼저 폭발하여 거대별을 형성한 후 궤도반경이 줄어들고 탄소와 산소가 주성분인 백색왜성이 된다.[115] 짝별도 적색거성을 형성하는 과정을 거친다. 적색거성으로부터 나오는 물질이 백색왜성에 흡수되고 질량이 증가한다. Ia형 초신성의 광도곡선에서 빛은 ^{56}Ni에서 ^{56}Co을 거쳐 ^{56}Fe로 퇴화하는 과정에서 발생한다.[116] 이 과정에 전자-양성자쌍의 수가 28에서 26으로 감소하고 (에너지를 방출하고) 중성자가 2개 증가한다. 원자 내 양성자와 짝을 이루지 못하는 잉여중성자 두 개가 증가한 것이다. (우리는 2.4절에서 잉여중성자는 다른 중성자에 비해 에너지가 낮은 중성자로 생성된 무거운 원소의 안정성에 매우 중요한 역할을 할 것이라 생각하고 있다.)

초신성은 왜 생기는 것일까?—핵붕괴 이론

두 번째 초신성 이론은 핵붕괴이다. 매우 큰 질량의 별들은 중심핵이 자체 중력을 지탱하지 못해 중심핵 붕괴로 이어진다. 이것이 Ia형을 제외한 모든 초신성의 원인으로 알려져 있다. 중심핵이 붕괴하면 외곽이 폭

---

*77 모든 별이 10파섹(약 32.6광년) 거리에 있다고 가정했을 때의 겉보기 등급. 절대등급 M은 겉보기등급 m과 거리 d의 함수로 $M=m-5(\log_{10}d-1)$로 표시된다.

발하여 초신성이 되거나 중력 위치 에너지가 충분하지 못해 (내압이 충분이 높지 못하기 때문에) 별이 블랙홀이나 중성자별이 될 수도 있다. 중심핵 붕괴의 원인은 전자포획(electron capture)*78; 찬드라세카 한계 초과; 쌍불안정(전자-양전자 pair-instability); 광붕괴*79 등이 있다.[117] 질량이 큰 별이 철 중심핵을 형성하면 찬드라세카 질량을 초과하기 때문에 전자 축퇴압을 견디지 못하고 붕괴되어 중성자별이나 블랙홀로 진화한다. (중심에 질량이 커지면 진공매질에 의한 압축응력이 매우 높아질 것이다. 따라서 보다 많은 중성자가 생성되면서 에너지를 방출하고 에너지가 낮은 중성자별이나 블랙홀이 된다.) 퇴화한 산소(O)/네온(Ne)/마그네슘(Mg) 중심핵에서 마그네슘에 의한 전자포획은 중력 붕괴를 유도하며 폭발적인 산소융합이 일어난다. 헬륨 연소후의 중심핵에서 전자-양전자 쌍이 생성되면 열역학적으로 불안해지고 초기 붕괴 후 폭발하며 결국 쌍불안정 초신성이 탄생한다. 중심핵이 충분히 크고 뜨거우면 생성된 감마선으로 광붕괴가 일어나고 중심핵이 완전 붕괴된다. (감마선은 전자와 양전자가 결합하여 전자기파로 소멸한 것이다. 전자와 양성자가 결합하면 감마선이 발생하고 에너지가 거의 없는 중성자가 생성된다. 진공매질의 격자에 양전자가 포획된 것이 양성자라고 한다면 양전자가 없어진 진공매질의 격자는 일부 진동에너지만 남은 중성자이다. 결국 중심핵에 중성자의 밀도가 높아지고 초신성의 중심핵은 중성

*78 전자포획은 원자번호가 높은 중성의 원소의 핵이 내부의 전자를 흡수하여 양성자가 중성자로 변하고 전자 중성미자를 방출하는 현상이다.

*79 photodisintegration, 감마선을 흡수한 핵이 양성자나 중성자를 방출하고 가벼운 핵으로 붕괴하는 현상.

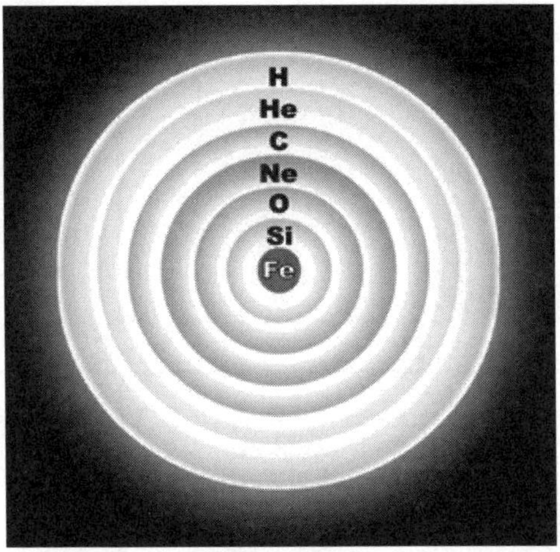

그림 53. 핵붕괴 직전의 양파 같은 구조

자별이 된다.)

초기 질량이 태양의 8배($8M_\odot$) 이하이면 중심핵이 작아 붕괴되지 않고 백색왜성이 된다. 이 백색왜성은 더 이상 핵융합을 하지 않고 식어 간다. $9M_\odot$ (혹은 12 $M_\odot$)[118]이면 중심핵에서 점진적으로 무거운 원소를 연소하며 외곽으로 갈수록 쉽게 핵융합할 수 있는 원소를 소모하며 별은 양파구조를 형성한다(그림 53 참조).[119] 이것은 철 중심핵의 양파구조이지만, 질량이 작을 경우 O/Ne/(Mg) 중심핵만 가진다. 이 별들은 대부분 중심핵 붕괴 초신성이 되지만 다른 거대 초신성에 비해 덜 밝고, 덜 관측된다. 외곽에 수소가 있는 초거대한 상태에서 중심핵 붕괴가 발생하면 II형 초신성이 된다.[120] 이것은 무거운 별이 급격히 붕괴하여 폭발한 결과이며 발광스펙트럼에서 수소의 존재로 확인된다. 보통 은하의 나선에서 관찰된다.

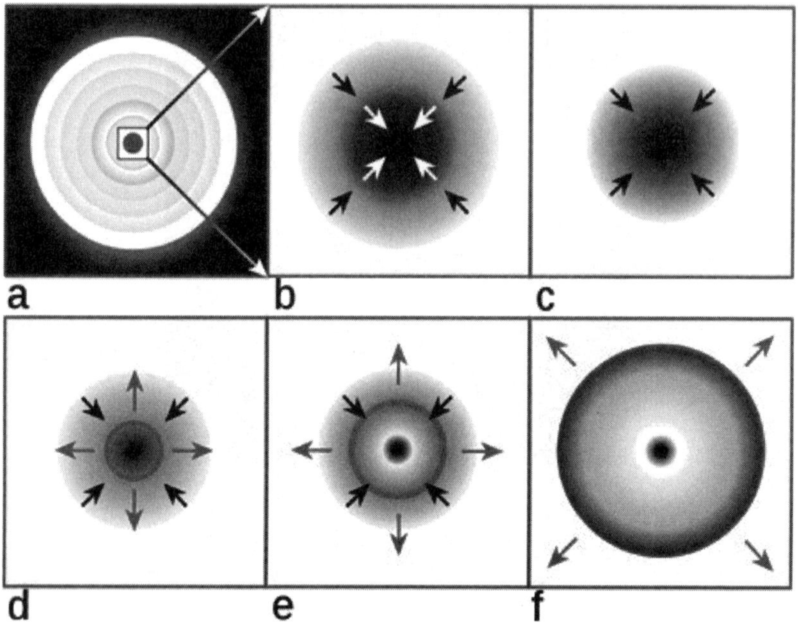

그림 54. 진화된 거대별(a)은 그림 53의 양파구조로 핵융합이 일어나 철 중심핵(b)을 형성하고 찬드라세카 (질량) 한계에 도달하면 붕괴를 시작한다. 내핵은 중성자(c)로 압착되어 축퇴하는 물질이 반사(d)되고 외부로 충격파를 형성한다(외부 원과 밖으로 향하는 화살표). 충격파는 처음에 멈추지만(e), 중성미자 작용으로 다시 발산된다. 외곽물질은 발산해버리고(f), 잔해만 남는다.

초신성의 광도곡선

초신성의 광도곡선은 초신성의 에너지 분출과정을 잘 나타낸다. 그림 55와 같이 대부분 초신성 에너지는 순간적으로 발산되어 광도가 급격히 증가하는 것을 보여준다. 광도곡선은 특정 가스의 방사선 특성을 보여주는데, 이것은 1960년대 후반에 처음으로 예측되었다.[121] 광도곡선

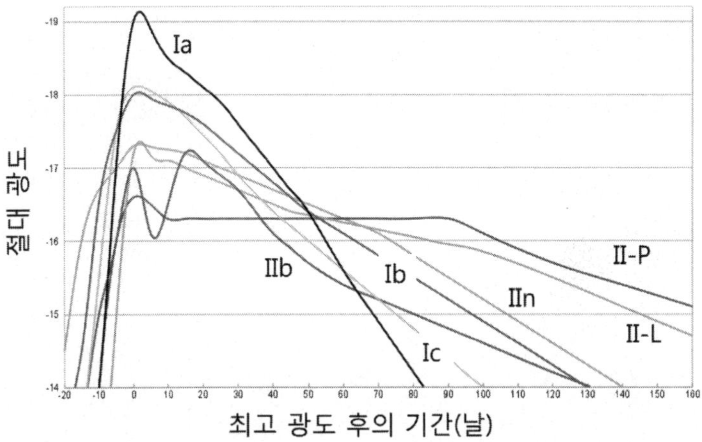

그림 55. 초신성 광도곡선 비교

에서 광도가 초신성 탄생 후 점진적으로 쇠퇴하는 것은 이러한 방사선 감쇠에 의한 것이다. 초신성의 빛은 대부분 직접적인 것이지만, 발산된 가스에 의해 흡수된 방사선으로 잔해를 달구어 빛을 발하기도 한다. ^{56}Ni가 분열하여 ^{56}Co에서 ^{56}Fe(847 keV 및 1238 keV)로 변하면서 감마선을 방출한다. 이 에너지가 몇 달 동안 초신성을 밝게 하는 원인이다.[122] II형 초신성 1987A[*80]에서 최고점은 ^{56}Ni가 ^{56}Co(반감기 6일)로 변하면서 생성된 것이고 이후는 77.3일의 반감기를 가진 ^{56}Co가 ^{56}Fe로 변하면서 생성된 것이다(그림 57 참조). 우주 감마선 망원경으로 분석으로 초신성 1987A 잔해에서 흡수되지 않고 나오는 일부 ^{56}Co 및 ^{57}Co 감마선이 확인되어 이 두 핵이 에너지의 근원임이 밝혀졌다.[123]

*80 대마젤란성운의 독거미 성운 근처에서 1987년 관찰되었다. 거리는 16,8000광년. 초신성에서 방출된 가시광선이 관찰되기 전에 중성미자가 먼저 관찰되었다. 초신성에서 중성미자 방출을 최초로 확인하였다.

그림 56. 초신성 1987A의 잔해(가운데 이미지)

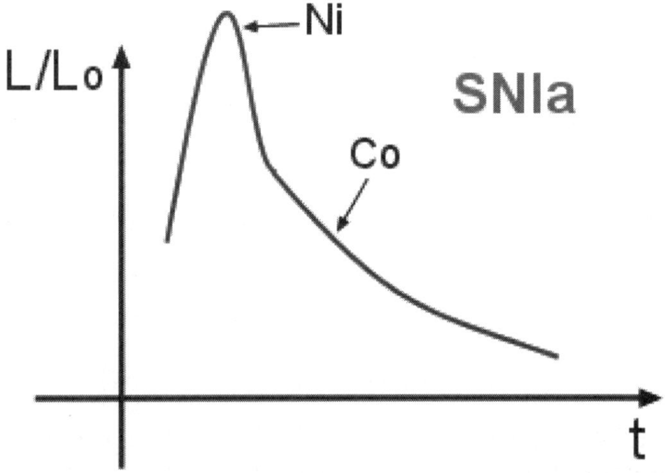

그림 57. 초신성의 가시 광도곡선을 만드는 ^{56}Ni 및 ^{56}Co 방사능 붕괴

Ia형 광도곡선은 대부분 최고치가 일정하고 비교적 빠르게 광도가 감소한다. 광 에너지는 ^{56}Ni(반감기 6일)의 방사선에 의한 것이고 ^{56}Co(반감기 77일)로 변한다. 초기 광도곡선은 광구(photosphere)의 유효크기가 줄어들어 포획된 전자기파가 없어짐에 따라 급속하게 감소한다. 남은 ^{56}Co에서 양전자 방출이 뚜렷해지면서 수개월 후 광도곡선은 소멸속도가 달라진다. Ib형 및 Ic 광도곡선은 Ia형과 비슷한데, 광도의 평균 최대치가 좀 낮을 뿐이다. ^{56}Ni 질량이 훨씬 적기 때문이다.

가장 밝은 Ic형 초신성은 극초신성(hypernova) 또는 초발광 초신성이라 하며 광도곡선이 보다 넓고 높다. 이것은 생성된 블랙홀이 매우 빠르게 회전하며 이 회전으로 속도가 대단히 큰 제트를 형성하여 별의 외곽에서 폭발적인 감마선을 유발한다. 초거성의 분출물에서 수소가 존재하면 붕괴 초기에 이 수소는 가열되어 전리된다. 대부분 II형 초신성은 광도곡선 상에 길게 늘어진 수평부분이 있는데, 이것은 이들 수소가 재결합하면서 가시광선을 쏟아 내고 투명해지기 때문이다. II-L형에는 이러한 수평부분이 없는데, 애초 원형별(progenitor star)[*81]에 수소가 많지 않았기 때문이다. IIn형 초신성은 밀도가 높은 주변물질에서 생성되는 좁은 스펙트럼이 추가로 존재한다. 광도곡선은 매우 넓게 퍼져있으며 때때로 매우 밝아 초발광 초신성이라 한다. 이 광도곡선은 밀도가 높은 외곽물질과 분출물질과의 상호작용으로 분출물질의 운동에너지가 전자기파로 변한 것을 보여준다. 고밀도 외곽물질은 초신성 생성직전에 원형별에서 생성된 것이다.

*81 초신성이 되기 전의 별을 지칭함.

초신성에서 분출되는 에너지 및 물질

초신성은 방출되는 전자기파로 인하여 엄청나게 밝지만 그 에너지는 일부분에 불과하다. 특히 중심핵 붕괴 초신성에서 더욱더 그러하다. 초신성의 종류에 따라 방출 에너지 양상이 다르다. 백색왜성 폭발 시 형성되는 Ia형 초신성에서 방출되는 에너지는 무거운 원소 생성과 분출물의 운동에너지로 소모된다. 탄소-산소 백색왜성 열폭주로 핵융합이 일어나고 원형별의 거의 모든 질량이 운동에너지로 방출한다. 태양 질량의 반 정도의 질량은 규소 연소로 생성된 ^{56}Ni가 차지한다. ^{56}Ni는 베타(β^{+})붕괴*82에 의해 강한 감마선을 방출하고 ^{56}Co로 변한다. ^{56}Co는 다시 베타붕괴로 안정한 ^{56}Fe가 된다. 이 두 과정이 Ia형 초신성의 전자기파 근원이다.[124] 운동에너지와 ^{56}Ni를 생성하기 때문에 Ia형 초신성은 광도가 낮지만 태양질량의 수배에 해당하는 에너지가 수소에 전이되어 수소이온을 생성하고 수소이온이 전자와 다시 결합하면서 광도가 낮아지고 속도가 줄어든다.

중심핵 붕괴 초신성에서 막대한 에너지는 중성미자로 방출된다. 99% 이상의 중성미자가 붕괴 시작 후 몇 분 안에 발산된다. 중심핵 붕괴 초신성은 Ia형 초신성보다 희미하게 보이지만 분출 에너지는 훨씬 크다. 초신성에서 중심핵을 압착하고 붕괴를 초래하는 중력 위치에너지(진공매질에 의한 압착 에너지이다.)는 운동 에너지로 변환되어, 초기에 핵의 해체로 생성된 전자 중성미자가 나오며 이후 초고온의 중성자

---

*82 양전자 방출(positron emission). 원자핵 내 한 양성자가 양전자와 중성미자를 방출하고 중성자로 변함.

별 중심핵으로부터 열 중성미자가 나온다. 중심핵 붕괴 초신성에서 생성된 블랙홀로 유입되는 잔류물들은 초고속 제트류를 형성하며 이로 인해 일정방향으로 감마선이 분출하여 주변 물질에 전가한다. 이것이 광도가 높은 Ic형 극초신성에 해당하며 감마선 폭발이 오래 지속된다.

초신성은 질소보다 무거운 원소들의 원천이다. 이 원소들은 소위 초신성 핵합성(nucleosynthesis) 과정으로 ^{34}S까지 생성된다. ^{36}Ar과 ^{56}Ni 사이의 원소는 규소 연소*83에 의하고 철보다 무거운 원소는 초신성 붕괴할 동안 중성자와 충돌하여 생성된다. 이를 중성자 포획(neutron capture)이라 하며 급속하게(r-process), 혹은 천천히(s-process) 진행된다.[125] 고온과 매우 높은 중성자 밀도의 환경에서 중성자가 매우 빠른 속도로 포획되며 이때 생성된 매우 불안정한 핵 내부의 중성자들은 베타붕괴로 급속히 안정화된다. 이러한 과정으로 플루토늄 및 우라늄 등 철보다 무거운 동이원소의 반이 생성된다.[126]

초신성 잔해들은 대개 중성자별과 같은 단단한 물체와 고속으로 팽창하는 물질 충격파로 구성된다. 고속의 충격파는 단열팽창하여 점진적으로 냉각되며 주변의 우주물질과 섞인다.[127] 초신성의 생성으로 주변에 수소나 헬륨이 아닌 물질로 채워지면 팽창하는 초신성 잔해 운동에너지로 인해 주변물질을 끌어들여 또 다른 별을 만들 수 있다.

수명이 짧은 방사성 동위원소의 흔적으로부터 근처의 초신성은 45억 년 전에 태양계의 구성에 지대한 영향을 미쳤을 것으로 추정된다.[128] 초신성 감마선의 영향으로 상층대기의 질소를 질소산화물로 바꾸고, 오

*83 질량이 8～11$M_\odot$인 별에서 짧은 시간 내에 일어나는 핵융합반응.

그림 58. 오르도비스기-실루리아기에 멸종된 것으로 추정되는 삼엽충 화석

존층을 파괴하여 해로운 태양의 자외선에 노출되게 한다. 이것이 오르도비스기-실루리아기(Ordovician-Silurian) 멸종*84의 원인으로 지목되었고 거의 60% 해양 생물의 죽음의 원인이 되었다.[129] 과거 초신성의 흔적을 지층의 금속동위원소로부터 검출할 수 있는데, ^{60}Fe가 대서양 심해 바위에 농축된 것이 보고되었다.[130] 2009년, 남극대륙의 얼음에서 발견된 질화물 이온은 SN1006과 SN1054 초신성과 일치한다. 이 초신성

*84 오르도비스기는 4억8830만 년 전에 있었던 소규모 멸종 사건부터 시작하여 4억4370만 년 전의 대규모 멸종 사태로 끝난다. 이 멸종 사건으로 해양 생물의 60%가 멸종하였다. 이 시기의 암석들은 풍부한 화석을 포함하고 있으며 화석연료를 저장하기도 한다. 실루리아기는 오르도비스기 다음에 오는 고생대기이다. 오르도비스기가 끝나면서 시작되었다가 4억1600만 년 전에 데본기의 시작과 함께 끝났다. 실루리아기의 최하층은 해양 생물의 60% 가량이 멸종한 오르도비스기-실루리아기 멸종 사건으로 정해진다. 또한 광합성 생물의 광합성 부산물로 산소가 발생하여 오존층이 생성되어 최초의 육상 생물이 출현하였다.

감마선이 질소산화물 농도를 높였고 얼음에 갇힌 것이다. Ia형 초신성은 지구 근처에 생성되면 매우 위험한데, 이 초신성이 쌍성계의 백색왜성에서 일어나 지구에 미칠 수 있는데 영향을 가늠하기 힘들기 때문이다. 가장 가까운 후보가 페가수스 IK이다.[131]

새로운 진공 패러다임에 의한 초신성의 고찰

초신성은 왜 생기는 것일까? 앞서 살펴본 바와 같이 두 가지 이론이 있다. 두 이론의 공통점은 별이 자체 질량에 의한 중력이 어떤 한계를 초과하면 중력축퇴에 의한 급격한 변화가 일어난다는 것이다. 새로운 진공 패러다임에서는 중력이라는 것이 존재하지 않기 때문에 중력축퇴는 없으며, 진공 매질의 왜곡으로 인하여 내부 중심에 가까울수록 압력이 무한히 증가하기 때문에 이것에 대한 반응현상으로 해석해야할 것이다. 진공매질의 왜곡에 의해 별의 중심부는 항상 압력이 매우 높고 이로 인한 핵융합으로 온도 또한 매우 높다. 태양을 포함한 태양계의 고찰에서 내부 물질은 뜨겁고 무거운 물질로 구성되어있음을 확인하였다. 태양보다 훨씬 큰 별들은 그 압력이 더더욱 높을 것이며, 중심부는 밀도가 매우 높은 (중성자 밀도가 높은) 물질도 구성되어 있을 것으로 추정할 수 있다. 중심에 가까울수록 밀도가 기하급수적으로 높아지기 때문에 구성물질도 **그림 53**과 같은 양파구조가 필연적이다. 구성물질은 별의 크기에 따라 달라지며 큰 별일수록 중심부 압력이 높고 중성자 밀도가 높아진다. 중성자는 앞서 언급한 바와 같이 수소원자를 구성하는 양성자와 전자가 합치면서 그 에너지가 쥐어짜져 빠져나간 것으로 진공매질로 돌아가는 과정에 있는 물질이라 할 수 있다. 특히 양성자와 쌍을 이루지 못하는 잉여중성자가 그러하다. 초신성의 잔해가 중성자별이나 블랙홀인 것은 당연하다. 앞서 태양계의 거동에서 보았듯이 에너지가 남아있는 행성은 자전으로 그 에너지를 소모하고 있다. 초신성의 잔해인 중성자별에 에너지가 남아 있으면 중성자별의 회전을 야기할 것이다. 다음 절에서 다룰 초고속으로 회전하면서 전자기파를 송출하는 중성자별인 펄서는 그 회전력을 지구에서 관측할 수 있다. 이러한 중성자별도 회전으로 에너지를 소모할 것이며 결국은 블랙홀로 바뀐다.[*85] 블랙홀은 중심의 압력이 아주 높은 상태에서 에너지가 거의 빠져나간 상태로 진공매질과 같이 에너지 측면에서 "블랙", 즉 0인 상태인 것이다. 이러한 의미에서 블랙홀은 빛을 포함한 그 어떤 물질도 흡수할 수 있는 순수한 상태인 것이다. 빛을 포함한 그 어떤 것도 삼켜버리는 괴물이 아닌 것이다. 우리는 3.7절에서 블랙홀의 모순에 대해 상세히 다룰 것이다.

원형별(초신성의 되기 전의 별)의 질량이 높을수록 초신성의 잔해가 블랙홀이 될 가능성이 높다. 그만큼 중심부 압력이 크고 에너지가 더 심하게 압착되기 때문이다. 별의 내부의 압력이 높으면 에너지가 쥐어짜듯이 빠져나오며 (대부분 감마선이나 중성미자 형태로) 구성 원소는 더 무거운 원소로 변하고 빠져나온 에너지는 외부로 방출된다. 이러한 과정이 균형을 이루면 태양과 같이 지속적으로 열을 외부로 발산하는 항성이 될 것이다. 하지만 내부압력이 높고 따라서 방출되는 에너지보다 생성되는 에너지양이 많으면 에너지가 별의 내부에 쌓이고 임계점에

---

*85 3.7절 상세 참조

서 이 에너지를 견디지 못하고 별이 폭발할 것이다. 이것이 초신성이다. 별이 폭발할 때 폭발점이 중심이면 중성자별이나 블랙홀 등의 잔해가 없을 것이며 중심에서 일정 거리를 주고 폭발하면 (중심핵이 이미 에너지를 상당부분 짜내진 상태인 중성자별의 원형이 생성되어있다면) 이 폭발로 밖으로 충격파를 발산하지만 중심부로 순간적인 초고압을 미칠 것이다. 이로 인해 중심부 물질은 더욱더 에너지가 압착되는 과정을 거칠 것이고 초신성 생성 후 잔해인 중성자별은 에너지를 발산하면서 블랙홀로 바뀔 것이다. Ia형 초신성의 광도곡선에서 빛은 ^{56}Ni에서 ^{56}Co를 거쳐 ^{56}Fe로 퇴화하는 과정이 발생하는 것은 이러한 압력변화과정을 반영한다. 또한 초신성이 되기 전의 원형별에서 중심에 블랙홀이 먼저 생성한다면 중력에 의해 중심핵이 붕괴하는 것처럼 보일 것이다. 블랙홀은 진공매질 상태와 유사하기 때문에 블랙홀을 둘러싸는 외곽이 무너지면 초신성이 되고 잔해를 남기지 않을 것이다. 중심핵 붕괴의 원인으로 거론되는 전자포획, 찬드라세카 한계 초과, 쌍불안정, 광붕괴 등은 결국 중심핵의 진공매질에 의한 압착되는 상태를 벗나나는 과정이라고 할 수 있다. 항성의 중심은 높은 압력으로 무거운 물질로 구성되며, 이 무거운 물질이 에너지가 낮은 중성자 덩어리에서 블랙홀로 변할 것이다. 따라서 블랙홀 외피는 낮은 에너지의 중성자로 구성되고 외곽으로 갈수록 에너지가 높은 중성자로 천이할 것이다. 물질의 측면에서 보면 내핵은 블랙홀인 빈 공간이고 이 빈 공간을 딱딱한 중성자가 둘러싸고 있으며 이 외피 밖으로 **그림 53**과 같은 양파형태의 구조를 하고 있음을 예상할 수 있다. 초신성은 이 외피에 축적되는 에너지의 정도에 따라 생성유무가 결정될 것이다.

3.6. 초고속 회전하는 중성자별

중성자별이란?

지금까지의 정설에 의하면 별의 수명주기에서 별이 가진 거의 모든 에너지를 소비하고 남은 상태가 중성자별이다. (이 별이 실제 중성자로만 구성된 별인지, 아니면 양성자와 전자가 어느 정도 포함된 전기적으로만 중성인지 아직 알려진 바가 없다.) 중성자별은 초신성의 잔해로서 초고온 고압의 상태에서 전자와 양성자가 소위 "중력축퇴"로 중성자로 변하면서 생성된다고 한다. 이 중성자별이 결국은 추가 중력축퇴로 블랙홀이 된다고 알려져 있다.[132] 새로운 진공 패러다임의 언어로 해석하자면, 중력축퇴의 원인은 (주로 수소) 에너지를 가진 별은 주위 진공매질을 왜곡하고 그 반작용으로 형성된 내부의 매우 높은 응력장이다. 이 응력의 작용으로 양성자-전자가 가진 에너지가 압착되어 방출되며 남은 찌꺼기가 중성자이다. 큰 별의 핵은 이 중성자가 뭉쳐져 있고 초신성이 되면서 남은 중심핵 부분이 중성자별인 것이다. 블랙홀은 이 중성자별이 가진 에너지가 모두 쥐어짜진 상태로서 진공매질과 유사한 상태라 할 수 있다.

중성자별은 밀도가 높아 반경이 10 km 정도이지만 태양 질량의 두 배 이상일 수 있다. 은하에는 초신성 폭발로 생성된 1억 개의 중성자별이 있을 것으로 추정되지만 대부분은 오래되고 온도가 낮기 때문에 관측하기 어렵다. 중성자별의 발견은 아주 최근 일이다. 관찰되는 중성자별은 표면온도가 6×10^5K 정도[133]로 매우 높고 자기장은 지구의 자기장에 비해 $10^8\sim10^{15}$배로[134] 매우 강하다. 항성의 핵이 붕괴하면 각운동량이 보존되기 때문에 회전속도가 높아져 초당 100회 이상 회전한다. 가장 회전속도가 큰 PSR J1748-2446ad는 초당 716회 회전으로 표면에서의 직선 속도가 광속의 24%에 달한다.[135]

중성자별의 발견

중성자별의 존재는 1934년 처음으로 제안되었으며[136] 그 다음해 초신성 폭발의 잔재로 남은 핵이 중성자별일 것이라고 예측되었다.[137] 1967년 파치니[*86]는 중성자별이 회전하고 자기장이 강하면 전자기파가 방출될 것이라 예측하였는데 같은 해 천문학자 헤위쉬와 벨[*87]은 펄스(주기적으로 강도가 변하는 전자기파)를 관측하여 중성자별의 존재를 처음으로 확인하였다.[138] 중성자별의 자기축이 자전축과 일치하지 않으면 전자기파 빔은 **그림 59**와 같이 사방으로 송출되고 지구에서는 펄스형태로 관측된다. 이러한 중성자별을 펄서(pulsating radio star; pulsar)라 칭한다. 1974년 발견된 한 쌍의 펄서 PSR B1913+16은 두 중성자별의 무게중심을 기준으로 회전하는 이중 시스템이다.[139] 이중 시스템의 중성자별들은 (회전에 의해 회전반경 바깥쪽에서 무게중심으로 진공매질의 왜곡이 증가하며 따라서 회전체의 무게중심 방향으로 인력이 작용하

*86 Franco Pacini(1939. 05~2012. 01) 이탈리아 천체물리학자.

*87 1974년 헤위쉬(Antony Hewish, 1924. 05~, 영국 라디오 천문학자)는 펄서의 발견으로 노벨물리학상을 받았으나 그의 조수 벨(Jocelyn Bell, 1943. 06~, 북아일랜드 천체물리학자)은 제외되었다.

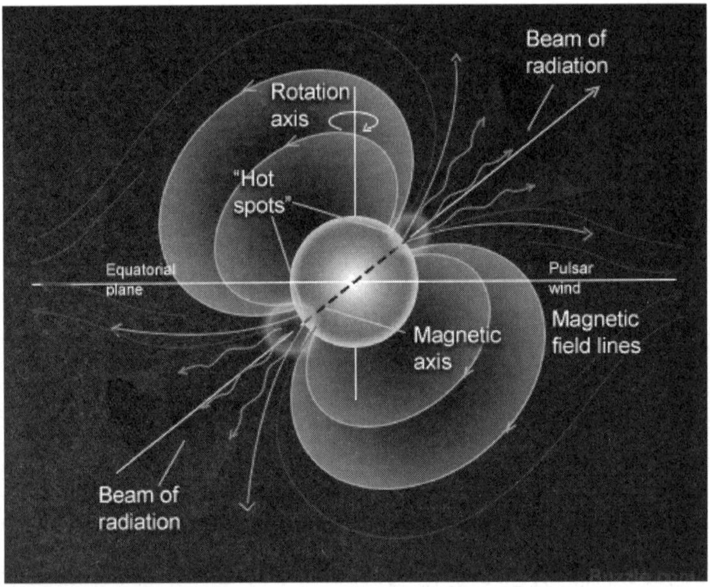

그림 59. 중성자별에서 방출되는 펄서 전자기파. 자전축과 자기장축이 일치하지 않을 때 방출됨.

여) 주위의 물질을 끌어들여 뭉치기도 하는데 이때 X선이 강렬해진다. 이 과정에서 오래된 펄서를 재가동 시켜 회전속도가 빨라지기도 한다. 두개의 중성자별이 뭉치기도 하는데 이때 감마선이 짧은 시간에 폭발적으로 분출하거나 중력파를 방출할 수 있다. 아인슈타인의 일반상대성 이론에 의하면 질량이 큰 두 물체가 짧은 궤도를 서로 공전하면 중력파를 방출하고 이로 인해 궤도가 더 짧아진다. 중성자별 쌍은 충돌하여 합치기 직전에 가속도가 매우 크기 때문에 강한 중력파를 발산한다. 이러한 현상이 PSR B1913+16의 관찰로 확인되어 중력파의 존재가 간접적으로 증명되었고 2017년에 중성자별 쌍이 합치면서 발생한 중력파의

그림 60. 게성운 펄서는 성운에 대하여 375 km/s 속도로 움직인다. 펄서의 회전으로 회전축과 수직인 면에 형성하는 진공매질의 왜곡으로 주변의 물질이 집중된다.

직접적인 관찰이 보고된 바가 있다.[140]

이중 중성자별에 의한 중력파

아인슈타인 일반상대성이론에서 중력은 질량에 의해 왜곡된 시공간에서 나오는 현상이다. 질량밀도가 높으면 표면에서의 왜곡된 시공간의 곡률 반경은 작아진다. 물체가 시공간 내에서 움직이면, 시공간의 곡률 반경은 물체의 이동에 따라 변화한다. 물체가 회전운동을 하면 이러한 곡률반경 변화가 주기적으로 변하며 파동의 형태로 외부로 전파할 것이다. 이것이 중력파라 할 수 있다. 중력파가 관찰자를 통과하면, 근처의 시공간이 이러한 왜곡의 파동에 반응을 하고 시간과 거리가 주기적으로 짧아졌다 길어진다. 이런 효과는 근원에서 멀어질수록 감소한다. 새로운 진공 패러다임에서는 진공매질의 왜곡으로 설명할 수 있다. 질량이 큰 두 중성자별이 무게중심을 기준으로 회전하면서 서로 근접할 때, 자체 질량에 의한 3차원의 진공매질의 점대칭 왜곡에 회전운동에 의한 2차원 왜곡이 더해져 비대칭적으로 변한다. 이 비대칭은 두 중성자별의 회전면에 대해서는 2차원 점대칭이다. 따라서 진공매질의 왜곡은 회전축과 수직한 면에서 증가하지만 주기적으로 변화한다. 질량이 중성자별과 같이 매우 큰 물체가 빠른 회전운동을 한다면 진공매질의 왜곡의 변화가 커 중력파라고 할 수 있는 진공매질 왜곡이 파동형태로 전파하는 것을 상상할 수 있다. 중력파가 존재한다면 진공매질 왜곡의 파동이다. 질량은 근원적으로 진공매질을 구성하는 가상격자의 운동에너지이고 이 운동으로 주변 진공매질의 왜곡의 밀도가 정해진다. 3차원 공간에서의 점대칭 왜곡은 중력이라는 겉보기 인력이 발생한다. 마찬가지로 회전운동은 2차원의 회전면에서의 점대칭 왜곡이 발생할 것이며 3차원 공간에서 비대칭적 질량을 야기한다. 따라서 질량이 큰 중성자별에 의한 회전운동으로 진공매질의 왜곡상태가 파동적으로 변하는 것은 마치 질량-반질량의 파동과 같은 것이다. 관찰자의 입장에서 보면, 이러한 파동이 접근하면, +(마루)일 때는 그 방향으로 이동하였다가 −(골)일 때는 반대방향으로 이동할 것이다. 먼 지구의 관찰자 입장에서 보면 두 중성자별의 회전으로 두 중성자의 통합 질량이 주기적으로 커졌다 작아졌다하는 것이다.

중성자별의 구조

중성자별은 거의 중성자로만 구성되어 있다고 알려져 있고 따라서 기존의 중력 이론에 의하면 중력이 매우 클 것으로 예상된다. 그런데 실제 중성자별의 질량은 어떻게 계산되었는가? 여러 방법이 있지만[141] 기본적으로 케플러 법칙을 근간으로 짝별의 중력간섭으로부터 계산된다. 짝별은 보통 표면대기가 수소로 되어있고 빛을 발하기 때문에 수소 분광을 분석하여 (그 파장 변화를 통해) 표면 중력을 계산한다. 빛의 파장은 중력장의 영향, 즉 진공 물질의 왜곡에 영향을 받는다. 계산된 중력을 통하여 일반상대성원리가 성립한다는 가정 하에 질량 값을 구한다.[*88] 사실 중력간섭은 새로운 진공패러다임에 의하면 (짝별의) 진공매질의 왜곡이며 이것은 앞서 언급한 바와 같이 회전운동으로도 변할 수 있다. 중성자별이 회전하면 회전축의 위치에 따라 수소 분광을 통한 질량의 계산값이 달라질 수 있다는 의미이다.

중성자별이 **그림 61**과 같은 구조를 하고 있다면, 내부는 에너지 상태에 따라 완전히 진공매질과 동일하거나 에너지를 가진 중성자로만 구성될 수 있다. 중성자가 가진 에너지의 크기에 따라 물질에 가깝기도 하고 진공매질에 가까울 수 있다. 중성자별이 생성된 초기에는 중성자의 에너지가 매우 높기 때문에 회전속도가 높아 진공매질을 왜곡하는 정도가 매우 크지만 에너지가 소멸되면, 중성자별이 진공을 왜곡하는 정도가 매우 작고 따라서 중력(실제로는 중력이 아님)의 크기가 매우 작아

*88 표면 중력가속도 $g \equiv GM_{WD}/R_{WD}$, G는 뉴턴의 중력상수, WD는 white dwarf, 즉 백색왜성으로 중성자별의 짝별이다. M과 R은 각각 질량과 반경을 나타낸다.

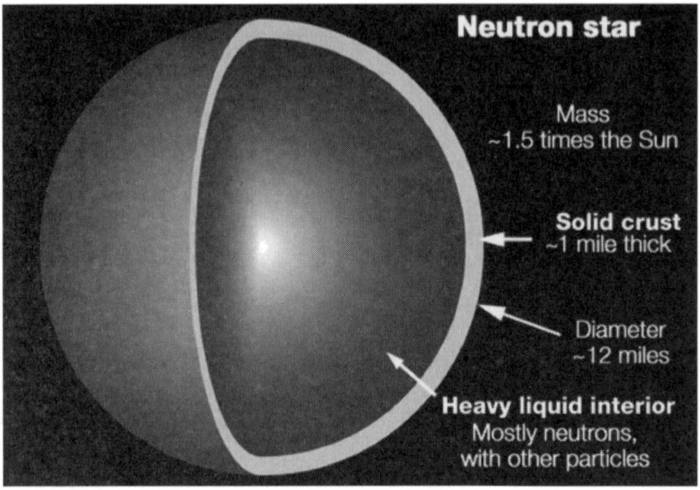

그림 61. 중성자별의 구조

야 할 것이다.

새로운 패러다임에 의한 중성자별 해석

앞서 지구 핵의 예에서도 보았듯이 구의 중심은 압력이 매우 높아 중성자의 밀도가 높을 수 있다. 중성자는 외부의 압력으로 매우 높은 압력 상태에 있을 경우 부피는 작지만 매우 큰 에너지를 가질 수 있다. 지구와 같은 외피가 없으며 그 에너지는 급격히 외부로 방출될 것이고 (그 에너지가 매우 클 경우 중성자는 베타붕괴를 통해 양성자와 전자로 바뀐다.) 왜곡이 없는 진공매질에 가까워 질 것이다. 에너지를 가진 중성자별은 거대한 원자(atom)로 볼 수 있다. 거대별의 중심핵에서 형성되는 질량이 큰 원소는 전자수(예: 우라늄: 원자번호 91)에 비해 중성자 수

(238)가 질량이 작은 원소에 비해 많다. 이런 상황으로부터 중성자별 내부는 아주 많은 수의 잉여중성자로 구성되었고 (마치 원자량이 큰 원소처럼) 외곽은 양성자와 전자가 존재하는 물질과 유사한 구형의 물질 구조를 하고 있다고 유추할 수 있다. 또한 중성자별의 자기장이 강하다는 것은 중성자별의 외피를 구성하는 전자나 양성자(또는 양전자)의 흐름이 강하다는 뜻이다. 내부는 에너지의 크기에 따라 그 물성이 다른 중성자로 채워졌다고 할 수 있으며 중심에 가까울수록 진공매질에 가까운 중성자로 구성될 것이다. 중성자별이 초신성 폭발 후 남은 것이라 한다면, 태양이나 지구의 내부 구조에서 보았듯이 밀도가 높은 물질로 구성되었을 것이다. 하지만, 초신성의 폭발로 별의 직경이 급격히 줄어들었기 때문에 (외부의 진공매질에 의한) 중심의 응력은 거의 제거되었다고 볼 수 있다. 초신성 중심에 응축된 에너지가 중성자별이 되면서 필연적으로 방출할 것이고 일부 에너지가 초고속 회전(자기장의 생성)으로 남았다고 할 수 있다. 초신성으로부터 새로이 생성된 중성자별은 내부에너지를 펄스 형태로 전자기파를 방출하면서 에너지를 소모하고 중성자별은 결국 아무 에너지가 없는 블랙홀로 바뀔 것이다.

3.7. 블랙홀은 허구다

블랙홀은 중성자별의 종착지로서 중력이 아주 강해서 (그렇게 추측하고 있을 뿐이다. 새로운 패러다임에서는 질량이 거의 없는 진공매질과 가장 가까운 존재로 추정한다.) 빛도 그 속에서는 탈출할 수 없다고 알

그림 62. 전산모사된 블랙홀의 모습. 중력렌즈 효과로 블랙홀 주변의 은하모습이 심하게 왜곡되었다.

려져 있다.[142] 일반상대성 이론에 의하면 밀도가 아주 높은 물질은 시공간을 왜곡하여 블랙홀은 만든다고 한다.[143]

블랙홀의 탄생과 거동

블랙홀은 1916년 슈바르츠실트에 의해 처음으로 유도된 아인슈타인 방정식((1.9)식)의 정확한 해에 포함된 특이점(singularity)이 그 이론적 탄생의 계기가 되었다. (3.1)식이 슈바르츠실트가 유도한 해이며 이것에 대해서는 이 절 후반에 상세히 논의될 것이다. 블랙홀이 형성되면, 주위 물질을 흡수하여 커진다고 한다. 다른 별이나 블랙홀을 흡수하여 태양 질량의 수백만 배의 초대형 블랙홀도 생성될 수 있다. 우리 은하중심에 존재한다고 추측되는 블랙홀의 질량은 주위를 공전하는 별(예, 人馬宮

Sagittarius A*)의 궤도 특성으로부터 구할 수 있는데 태양질량의 4.3백만 배이다. 최근 LIGO*89는 한 쌍의 블랙홀의 융합, 충돌로 발생한 중력파를 직접 검출하여 블랙홀의 존재를 간접적으로 증명하였다.[144]

블랙홀의 중심과 일정거리에는 소위 사건의 지평선(event horizon)이 있는데, 이 지평선에서 물체가 블랙홀로부터 탈출하기 위해서는 빛의 속도 이상이 되어야 한다. 따라서 빛조차 탈출할 수 없다고 하지만 아직 확인된 바는 없다. 블랙홀은 단순히 전혀 빛을 반사하지 않는 이상적인 흑체(black body)로 취급되기도 한다.[145] 새로운 패러다임에 의한 추정과 유사하다. 휘어진 시공간에서의 양자장이론에 의하면 사건의 지평선은 호킹*90의 복사열(Hawking radiation)을 방출하는데, 온도는 질량에 반비례하는 흑체에서 나오는 분광과 같지만 10억분의 1도 정도라 관측이 불가능하다. 비록 극미한 양이라 하더라도 복사열 방출로 블랙홀은 점점 소멸될 것이며 상대적으로 크기가 작은 블랙홀이 빨리 소멸할 것으로 예측된다.[146] 초거대 블랙홀은 X선으로 밝게 빛날 것으로 추정된다. 일부 X선은 주변을 감싸는 디스크로부터 오며 일부는 디스크의 코로나에서 나온다. **그림 63**은 이러한 현상을 개념적으로 나타내었다.[147] 코로나가 블랙홀에 기울어지면 블랙홀이 코로나의 X선에 강한 인력을 미친다. 그 결과 X선이 **그림 64**와 같이 심하게 왜곡된다. 각운동량 보존법칙에 의거 블랙홀과 같이 질량이 매우 큰 물체에 의해 형성된

---

*89 Laser Interference Gravitational-Wave Observatory, 현재 미국 워싱턴 주와 루이지애나 주 두 곳에 있으며 중력파의 관찰이 목적이다.

*90 Stephen William Hawking (1942. 1. 8.~2018. 3. 14) 영국의 이론물리학자. 갈릴레이 서거 300주년 되는 날 태어남. 양자중력장 이론으로부터 호킹 복사를 제안함.

그림 63. 블랙홀에서 방출되는 X선의 개념도(상상도)

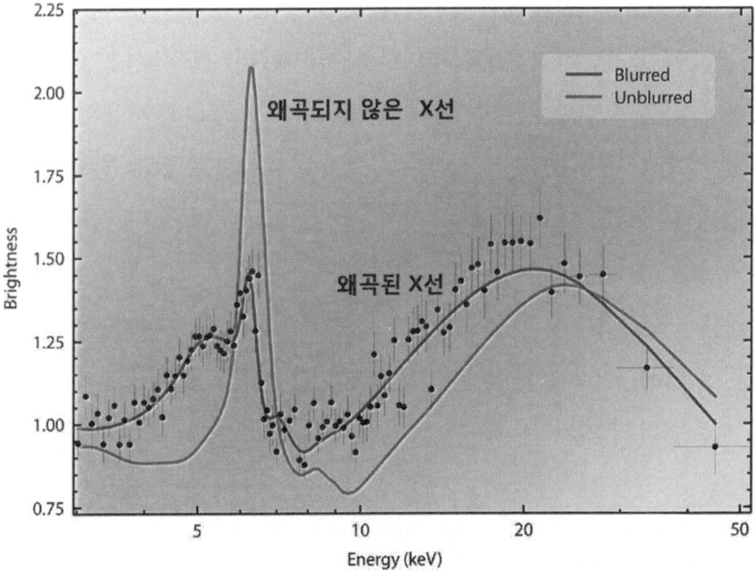

그림 64. 블랙홀 근처에서의 X선의 왜곡(NuSTAR, NASA's Nuclear Spectroscopic Telescope Array; 12 August 2014)

중력의 우물에 떨어지는 기체는 전형적으로 원반 구조를 가진다. 이러한 원반형태의 기체는 내부 마찰로 인하여 각운동량을 밖으로 전달하고 물질은 중심부로 더욱 빨리 떨어진다. 이때 위치에너지가 방출하고 기체의 온도가 높아진다.[148] 마찰로 인하여 온도가 엄청 높아져 가스 질량의 40%까지 X선 형태의 전자기파를 방출한다.[149] (핵융합에서는 질량의 0.7% 정도만이 방출한다.) 많은 경우 수축하는 소용돌이 원반의 중심에서 방출하는 매우 빠른 제트를 동반한다. 활동 은하의 핵과 퀘이사[*91]는 이러한 블랙홀에 의한 물질의 집중현상으로 해석할 수 있다.[150] 2011년 11월에서 거대 블랙홀 주위의 원반형의 퀘이사가 최초로 직접 관찰되었다.[151]

블랙홀에 대한 논란

1971년 호킹은 블랙홀의 사건지평선의 총 면적은 두 블랙홀의 충돌이나 합병과 상관없이 감소하지 않는다는 것을 보여주었다.[152] 이것은 현재 블랙홀 역학의 제2법칙으로 알려져 있으며 시스템의 총 엔트로피는 감소하지 않는다는 열역학 제2법칙과 매우 유사하다. 절대온도 0도에서 블랙홀은 엔트로피가 0이라 가정한다. 이 경우 엔트로피가 있는 물질이 블랙홀에 유입되면, 우주의 엔트로피가 감소하는 것을 의미하기 때문에

*91 퀘이사(Quasar, Quasi-stellar Object, 준항성체)는 블랙홀이 주변 물질을 집어삼키는 에너지에 의해 형성되는 거대 발광체이다. 퀘이사의 중심에는 태양 질량의 10억 배나 되는 매우 무거운 블랙홀이 있고 그 주위에는 원반이 둘러싸고 있으며 그 원반의 물질은 회전하면서 블랙홀로 떨어지고 있고 이때 물질의 위치 에너지가 거대한 양의 빛 에너지로 방출된다.

열역학 제2법칙을 위반하는 것이다. 이 때문에 베켄슈타인*92은 블랙홀은 엔트로피가 있고 사건지평선 면적에 비례할 것임을 가정하였다.[153]

호킹은 양자장 이론으로 블랙홀에서의 복사, 즉 호킹의 복사가 일정한 온도에서 일어나는 것을 증명하였다. 복사는 블랙홀에서 에너지를 앗아가고 따라서 블랙홀이 수축할 수밖에 없기 때문에 블랙홀 역학의 제2법칙을 위반하는 것처럼 보인다. 하지만 이 복사는 에너지와 엔트로피를 가져가고 블랙홀 주변 물질의 엔트로피 합과 사건지평성의 면적이 항상 증가한다는 일반적인 가정을 증명할 수 있기 때문에 열역학 위반이 아니다. 이 복사이론에서 이상한 것은 블랙홀의 엔트로피가 부피보다 면적에 비례한다는 것이다. 이것은 일반 상대성이론으로 설명이 부족하다. 통계역학적으로 엔트로피는 거시적인 특성(질량, 압력, 부하)을 가진 시스템의 미시적 배열의 수를 나타낸다. 기존 양자중력이론으로도 만족스럽게 해석할 수 없다.[154]

기존의 이론에 의한 블랙홀은 "블랙홀에서의 정보손실의 모순(Information loss paradox)"이나 "방화벽 모순 (firewall paradox)"등의 모순으로 아인슈타인의 일반상대성이론이 도전받고 있다. 블랙홀은 내부인자가 몇 개뿐이기 때문에 물질의 대부분의 정보는 블랙홀에서 없어진다. 총질량, 부하, 각운동량만 보존된다. 블랙홀이 서서히 증발되기 때문에 호킹 복사 정보는 영원히 손실된다고 할 수 있다. 양자역학에서 정보손실은 확률보존(conservation of probabilities) 법칙*93과 에너지 보

*92 Jacob David Bekenstein (1947. 5~2015. 8). 멕시코 태생의 이스라엘-미국 이론물리학자. 블랙홀 열역학의 기반을 수립하는데 중요한 역할을 하였다.

*93 양자시스템에서 발생할 수 있는 모든 사건의 확률의 합은 항상 1인 법칙, 유니타리티 법칙

존법칙을 위반하는 것이 된다. 이것이 블랙홀의 정보손실의 모순이다. 이 문제를 완전한 양자중력론으로 다루면 실제로 정보와 확률이 보존된다는 증거는 확보되고 있다.[155] 하지만 방화벽의 모순으로 중력질량과 관성질량이 동일하다는 아인슈타인의 등가원리, 확률보존법칙, 또는 기존 양자장이론을 포기해야 할 것이다. 왜곡된 시공간에서의 양자장이론에 의하면 하나의 호킹 복사에는 두 개의 서로 엉킨 입자가 관련한다. 한 입자는 호킹 복사로 방출되고 다른 입자는 블랙홀이 삼킨다. 과거 한 시점에서 형성된 블랙홀이 미래 어느 시점에 완전히 증발한다면, 호킹 복사에 의한 정보는 있는 제한된 정보만 방출한다. 이때 반 이상의 정보가 이미 방출했다고 하자. 이때 방출되는 입자는 블랙홀이 이전에 방출한 모든 호킹 복사와 엉킬 수밖에 없다. 모순이 생긴다. 이것이 방화벽의 모순이다. 엉킴의 단일성(monogamy of entanglement) 원리에 의하면 방출 입자는 동시에 두 독립적인 시스템과 완전히 엉킬 수 없다. 방출입자가 유입입자와 엉키고 동시에 독립적으로 과거 호킹 복사와도 엉킨다.[156]

블랙홀의 모순

블랙홀은 그 자체 질량 때문에 중력이 너무나 커서 빛을 포함한 모든 것을 흡수하고 다시 방출하지 않는다고 처음에는 인식되었다. 그러나 어느 때부터인가 호킹이 블랙홀에서도 미미한 빛이 방출된다고 주장하였고 급기야 초대형(super massive) 블랙홀은 그 밀도가 물 정도의 밀도이고 사건의 지평선에서 받는 힘 또한 상당히 약할 것이라고 추측하기

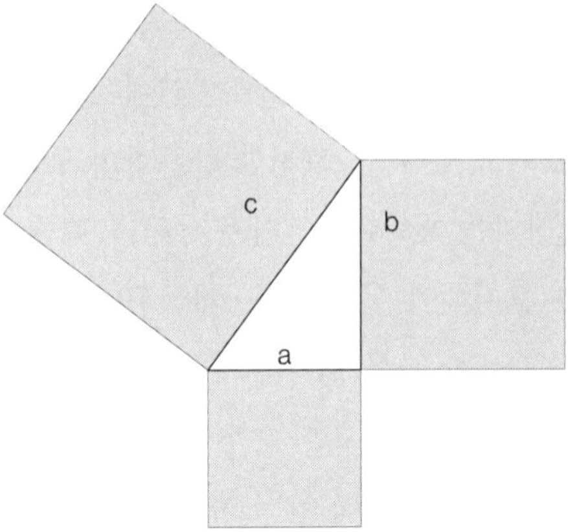

그림 65. 피타고라스 정리: $c^2=a^2+b^2$

도 하였다.[157] 또한 블랙홀이 미미한 빛을 방출하면서 증발하고 결국은 소멸한다고 하였다.[158] 이러한 블랙홀의 설정에서 위에서 언급한 열역학 제2법칙의 위반 등 해석할 수 없는 모순들이 제기되었다. 아직 블랙홀의 정확한 실체가 없는 것이라 할 수 있다. 기존의 중력의 개념 또는 일반상대성 이론으로 블랙홀 거동을 해석할 수 없는 것이다. 이런 블랙홀에 관한 모순의 중심에는 빛도 빠져나오지 못한다는 소위 "사건의 지평선"이 있다. 이 사건의 지평선 개념은 아인슈타인의 일반상대성 이론 방정식의 해로 제시된 다음과 같은 슈바르츠실트 계량(Schwarzschild metric)[159]에 의거한다.

$$ds^2 = \left(1-\frac{r_i}{r}\right)c^2dt^2 - \frac{dr^2}{\left(1-\frac{r_i}{r}\right)} - r^2d\theta^2 - r^2\sin^2\theta d\phi^2 \qquad (3.1)$$

(3.1)식은 꽤나 복잡해 보이지만, 4차원 시공간에서의 두 점간의 최단거리(지름길 또는 측지선)를 의미한다. 2차원에서의 두 점간의 최단거리는 **그림 65**와 같이 피타고라스 정리(Pythagoras theorem)로 표현되다. 이것을 3차원 공간의 직교좌표계에서는 다음과 같이 주어진다.

$$ds^2 = dx^2 + dy^2 + dz^2 \qquad (3.2)$$

여기에 아인슈타인의 시공간개념이 도입되면 시간이 포함된 4차원 공간(이를 소위 민코프스키 공간이라 한다)으로 확장하여 표현할 수 있으며 (3.1)식은 태양과 같은 구형의 항성 주위의 왜곡된 시공간을 극좌표계로 변환하여 표현한 것이다. 여기서 c는 빛의 속도, t는 시간, θ와 φ는 위도와 경도를 나타내는 각도이다. 이 계량을 보면, 두 곳에서 특이점이 존재한다. 하나는 r=0(중심점)이며, 다른 하나는 $r=r_i$이다. r=0이면, (3.1)식의 첫 항이 무한대이고 $r=r_i$이면 두 번째 항이 무한대이다. 여기서 r_i는 (2.14)식에 포함된 "슈바르츠실트 반경"이다.

애초에 아인슈타인 방정식의 해로 나온 (3.1)식은 블랙홀과 관련이 없었다. 슈바르츠실트 반경에 대한 물리적 의미에 대해 많은 논의가 있었고 결국은 $r=r_i$가 소위 "사건의 지평선"으로 귀결되었다.[160] (2.14)식에서 $r=r_i$이면 질량이 M인 그 어떤 구형의 물체에서의 이탈속도는 v=c가되어 우주에서 가장 빠르다고 알려진 빛마저 이 사건의 지평선에서 탈출할 수 없게 된다. 이것이 바로 수학으로 존재하는 블랙홀이며 슈바르츠실트 블랙홀이라고 한다. 그런데 사실 (2.14)식이나 (3.1)식의 슈바르츠실트 계량도 약한 중력장에서의 근사식이라는 것이다(weak field approximation). (2.14)식을 다시 쓰면,

$$\frac{1}{2}mv^2 = \frac{GMm}{r} \tag{3.3}$$

위 식을 살펴보면, 좌변 행성의 운동에너지는 속도가 빛의 속도를 초과하지 못하기 때문에 유한하지만, 위치에너지는 r=0에서 무한대가 된다. 즉, 위식은 등식이 성립할 수 없다. 사실 중력장에 의한 위치에너지나 운동에너지는 모두 진공매질의 왜곡에 의한 에너지로 동일한 것이다. 좌변에 운동에너지로 표현되는 항은 그 속도가 광속에 비해 매우 낮은 경우를 상정한 근사식이다. 실제의 운동에 의한 진공매질의 왜곡에너지는 (2.12)식과 같이 개체의 운동질량에서 정지질량의 차이에서 구할 수 있다. 따라서 (3.3)식은 근사식이고 (3.4)식이 정확한 등식이다.

$$(\gamma - 1)mc^2 = \frac{GMm}{r} \tag{3.4}$$

위 식을 정리하여 속도를 구하면 다음과 같다.

$$v = \frac{c\sqrt{r_i(4r + r_i)}}{2r + r_i} \tag{3.5}$$

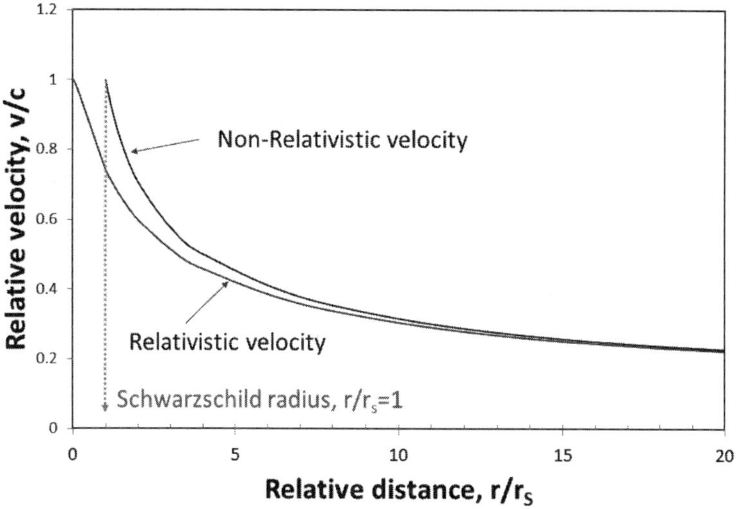

그림 66. 슈바르츠실트 반경에 의한 속도(non-relativistic velocity)와 진공매질의 에너지 측면에서 고려한 속도(relativistic velocity) 비교.

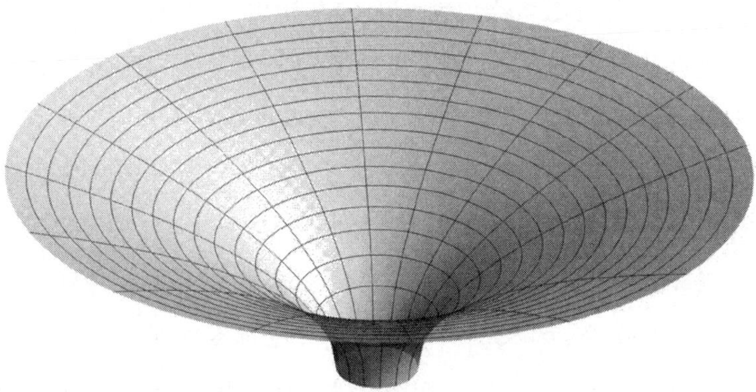

그림 67. 슈바르츠실트 계량을 표현하는 플람 포물면(Flamm's paraboloid). 그림 66의 비상대적 속도의 거동과 동일하다.

이 식에서 r=r_i이면 $v = c\sqrt{5/3} \approx 0.754$이고 따라서 v가 빛의 속도가 되는 조건은 r=0인 경우 밖에 없다. 슈바르츠실트 반경에 의거한 소위 "사건의 지평선"은 없으며 이 "수학적인" 슈바르츠실트 블랙홀은 없다는 뜻이다. 그림 66은 (3.3)식과 (3.4)식에 의한 속도를 거리의 함수로 나타내었으며 근사식이 아닌 경우 속도는 항성의 중심에 근접할수록 빛의 속도에 점진적으로 증가함을 알 수 있다.

블랙홀에 대한 새로운 해석

그럼 우리가 예상할 수 있는 새로운 진공 패러다임에 의거 기존의 블랙홀의 거동을 해석해 보자. 우선 블랙홀이 중성자별에서 발전된 것이라 한다면, 밀도가 대단히 높을 것이다. 이것은 상대적으로 부피가 작다는 뜻이며, 실제로 블랙홀은 아주 작은 것이 많다고 한다. 새로운 패러다임 관점에서 보면 작은 부피의 별(블랙홀)이 그 에너지가 높으면 진공매질에 대해 그 만큼의 응력을 가하지만, 중성자별에서 에너지가 거의 소멸되어 변질된 것이라면 진공매질에 대해 그 부피보다 작은 응력을 가하고 있다고 할 수 있다. 동일한 중성자 별 보다 부피와 에너지가 작아졌고 그 성분이 진공매질과 더욱 유사해졌기 때문이다. 미미한 빛을 방출하면서 (호킹의 복사의 복사열) 이 블랙홀은 더욱더 진공매질에 가까워지고 결국은 진공매질과 동일하게 되어 소멸 즉 증발한다. 중력적인 관점에서 중력의 강도가 약해지며(사실은 진공매질에 대한 왜곡의 정도가 약해지는 것이다), 따라서 일반상대성이론이나 중력이론에서 계산되는 질량 또한 감소한다. 물론 이 경우 (물질)밀도도 감소할 것이다. 초대형 블랙홀의 저밀도는 이렇게 설명될 수 있다. 중력의 근원이 물체의 회전이 야기한 진공매질의 비대칭(회전대칭)에 의한 것이라면, 블랙홀의 에너지감소는 이런 회전에너지의 감소이고 회전에너지가 복사에너지로 방출되면서 블랙홀의 크기와 밀도가 감소하는 것이다.

이것은 새로운 패러다임에 의한 진공매질과 물질간의 응력장형성에 대한 결과와 일치하며 지극히 당연한 결과이다. 진공매질의 왜곡은 구형의 물질(태양과 같은 항성)에 대해 점대칭의 응력을 야기하며 이때 형성된 물질의 내부응력은 필연적으로 **그림 22**와 같이 그 중심점이 특이점이 된다. 태양, 지구, 목성 등의 예에서 보았듯이 중심핵에 가까울수록 밀도, 온도, 압력이 높아지고 에너지는 지속적으로 배출된다. 높은 온도와 압력으로 중심부의 에너지가 방출되면, 그 부분은 에너지가 모두 소진된 진공매질과 같은 상태가 될 것이다. 이것이 새로운 진공패러다임에서의 블랙홀이다. 이 블랙홀은 매우 높은 중력으로 주변의 모든 물질을 흡수하는 괴물 같은 것이 아니고 에너지가 소진되어 버린 진공매질에 가까운 것이다. 우리의 블랙홀은 에너지가 쥐어짜져 방출되어 버린 아주 순수한 진공매질, 즉 가장 낮은 에너지 상태의 진공매질이다. 에너지나 물질의 측면에서는 암흑의 구덩이이다. 물이 하수구로 빨려들어 가듯이 블랙홀 주변 물질과 에너지는 블랙홀로 빨려들어 갈 것이다. 하지만 에너지나 물질을 담을 수 있는 블랙홀의 용량은 제한되어 있기 때문에 그 구덩이는 메워질 것이며 따라서 소멸될 것이다. 이러한 과정은 현재 알려진 그 어떤 자연 법칙을 위반하지 않는 매우 자연스러운 것이다. 블랙홀의 소멸은 우주의 엔트로피를 증가시키는 과정이고 이 과정에서 정보손실은 없고 방화벽 모순도 없다.

제 4 장

새로운 우주를 위하여

새로운 우주에서의 블랙홀은 질량이 매우 커 빛마저도 빨아들이는 괴물이 아니고 물질이 가진 에너지를 다 방출하여 소진한 깨끗한 상태의 진공매질이다. 이 빈 공간으로 주변의 물질과 빛은 자연스럽게 흘러들어가며 흘러들어간 물질은 다시 분출한다. 2019년 4월 30일 "네이처(Nature)" 최신호에 실린 국제전파천문연구센터(ICRAR)의 관측결과는 이런 블랙홀의 특성을 잘 설명한다. 아무것도 빠져나올 수 없다는 기존의 블랙홀의 개념을 뒤집는 결과이다.

4.1. 우주 마이크로파 배경

새로운 진공 패러다임에서는 물질의 에너지는 근본적으로 운동(진동) 에너지이며, 이러한 운동으로 인하여 소위 중력이라는 인력이 발생한다. 이 중력은 진공매질의 왜곡에 의한 힘으로 물질에 압력을 가하며 이 압력 때문에 태양과 같은 항성의 중심부는 매우 높은 온도와 압력 상태에 있으며 에너지가 쥐어짜지듯이 외부로 방출하고 서서히 또는 초신성 형태로 폭발적으로 소멸한다. 그럼 외부로 방출된 에너지는 어디로 가는 것일까? 진공매질로 구성된 우주가 무한하다면 방출된 에너지가 파동(전자기파 또는 중성미자)의 형태로 퍼져나가 우리 주변의 가까운 우주는 차갑게 식어갈 것이다. 만일 우주가 유한하다고 하면, 방출된 에너지는 보존되어 우리 우주의 온도를 높이는 역할을 할 것이다. 방출된 에너지가 진공매질에 남아있는 것이 바로 우주 마이크로파 배경(Cosmic Microwave Background, CMB)이다. 이것은 우주배경을 이루는 희미한 복사(전자기파)로 **그림 68**과 같이 전 우주를 채우고 있다(우주가 유한한 것일까?). 매우 민감도가 높은 라디오 망원경으로 거의 균일한 노이즈가 보인다. 파장은 마이크로파에서 가장 강하다. CMB는 우주의 빈 공간이 진공이 아님을 강하게 암시하는 현상으로 여겨진다. 하지만 기존 천체 물리학에서는 빅뱅 후 초기 우주에서 생성된 전자기파가 남은 것이라 하며 CMB는 빅뱅이 존재한다는 기념비적인 발견으로 인식되고 있다.

그림 68. 9년간 윌킨슨 마이크로파 비등방성 탐색기(Wilkinson Microwave Aniostropy Probe, WMAP) 데이터로부터 얻은 우주 이미지

우주 마이크로파 배경(CMB)의 기원

CMB는 절대온도(K) 2.72548 도에서의 흑체복사(black-body radiation)이다. 이 복사 에너지를 주파수로 미분하여 나타내면 ($dE_\nu/d\nu$) 최대치의 주파수가 160.23 GHz로 마이크로파 범위이다(에너지는 $\sim 6.6\times10^{-4}$ eV). 복사 에너지를 파장으로 미분하면($dE_\lambda/d\lambda$) 최대치의 파장은 1.063 mm이다. 복사는 모든 방향에서 거의 균일하지만 1ppm, 온도로는 18 μK 정도 불균일하다.[161] 특히 서로 다른 각도에서 바라본 분광복사(spectral radiance)에서 약간의 비등방성이 지역에 따라 달리 측정되기도 한다. 이러한 비등방성을 설명하는 것은 Λ-CDM 모델로 대표되는 빅뱅 모델이 가장 유력하다고 한다.

Λ-CDM 모델[*94]에 의하면 우주는 빅뱅 후 10^{-37}초에 **그림 81**과 같이

---

*94 Λ-CDM(cold dark matter) 모델은 빅뱅가설에서 우주상수(Greek Λ)와 암흑에너지, 암흑

기하급수로 팽창하면서 거의 모든 불규칙성이 없어졌으며,[162] 남은 불규칙성이 양자요동*95으로 팽창을 야기하였다.[163] 항성과 행성이 형성하기 전에(10^{-6}초 후) 초기의 우주는 작고, 훨씬 뜨겁고 광자, 전자, 중입자(重粒子)*96가 상호작용하는 균일한 플라즈마로 채워져 있었다. 우주가 단열 팽창함에 따라 우주는 식어가고 전자와 양성자가 결합하여 수소원자를 형성하였다. 이 원자는 복사열을 흡수할 수 없고 따라서 우주는 투명하게 된다. 이 시기를 재결합 시대(recombination epoch)로 부르고 우주의 절대온도가 3,000도, 우주의 나이가 379,000년이 되었을 즈음이다.[164] 이후 광자(빛)는 수소원자와 반응하지 않기 때문에 자유로이 우주공간을 이동하여 물질과 분리되었다.[165] 전자와 양성자가 없는 공간을 빛이 자유롭게 움직이게 된 시기를 광자분리(photon decoupling) 시기라고 한다. 이때의 광자의 절대온도가 흑체복사와 동일한 2.726도까지 낮아졌고 우주의 팽창과 함께 파장이 길어져 갔다(에너지 밀도가 낮아졌다). 그래서 광자분리 시기에 방출된 원래의 광자가 현재의 우주 마이크로파 배경을 구성한다는 것이다.[166] Λ-CDM 모델에 의하면, 현재 측정되는 복사는 마지막 산란의 표면이라 불리는 구형 표면에서 온 것이다.

물질(cold dark matter, CDM)을 도입 이론화한 것이다. 이 모델에서는 암흑에너지와 우주상수를 동일시하고 있다. 1990년대 일반상대성 원리를 기반으로 탄생하였으며 CMB 구조를 가장 잘 설명하고 있다고 한다.

*95 양자요동(quantum fluctuation, 또는 진공요동, vacuum fluctuation)은 하이젠베르크(Werner Heisenberg, 1901. 12~1976. 02, 독일 물리학자)의 불확정성 원리에 의거 공간의 한 점에서의 순간적인 에너지변화이다. 이때 가상의 입자-반입자 쌍이 생성되며 간접적으로 측정할 수 있다. 예로, 전자의 전하가 실제값과 다른 유효전하가 측정된다.

*96 바리온(baryon)입자. 세 개의 쿼크로 이루어진 입자로서 물질의 대부분을 이룬다. 양성자와 중성자가 대표적인 중입자이다.

이것은 분리가 일어난 공간상에서의 일단의 위치를 나타내고 그 시간과 위치에서 광자가 관측자에 도달한 것을 나타낸다.[167] 대부분의 우주 복사 에너지는 CMB이고 全 우주 밀도의 6×10^{-5} 정도이다.[168]

CMB의 발견과 관측

그럼 CMB는 어떻게 발견되고 주목을 받았을까? 1940년대 일부 천문학자들은 우주의 온도에 대해 관심을 가졌다. 1948년에 알퍼*97와 헤르만*98이 절대온도로 5도라고 예측하였으나[169] 그 후 28도로 정정하였다. 이렇게 높게 계산된 것은 잘못된 허블상수*99 때문이었으며, 이것이 CMB인지 정확한 인식이 없었다. 이후 별다른 주목을 끌지 못하다가 1960년 초에 CMB로 새로이 예측되었고[170] 1964년 미국천문학자 펜치아스*100와 윌슨*101에 의해 **그림 69**의 안테나로 최초로 관측되었다.[171] CMB의 절대온도는 4.2도였다. 1990년 미항공우주국 NASA는 **그림 70**과 같은 우주배경탐색*102 위성의 원적외선 분광계*103로 CMB를 관찰하

*97 Ralph Alpher, 미국 천문학자 (1921. 2~2007. 8)

*98 Robert Herman, 미국 천문학자(1914. 8~1997. 2)

*99 먼 우주로부터 오는 적색편이는 거리에 비례한다는 허블 법칙에 따르는 상수. 1929년 허블의 망원경 관찰결과에서 500(km/c)/Mpc으로 산정하였으며 현재는 70전후이다. Mpc=megaparsec, parsec~3.26광년.

*100 Arno Allan Penzias, 독일태생 미국천문학자 (1933. 4~)

*101 Robert Woodrow Wilson, 미국천문학자 (1936. 1~)

*102 COBE(Cosmic Background Explorer)

*103 FIRAS(Far-InfraRed Absolute Spectrometer)

그림 69. 펜치아스와 윌슨이 CMB를 관측하기 위해 사용한 홀름델호른(Holmdel Horn) 안테나

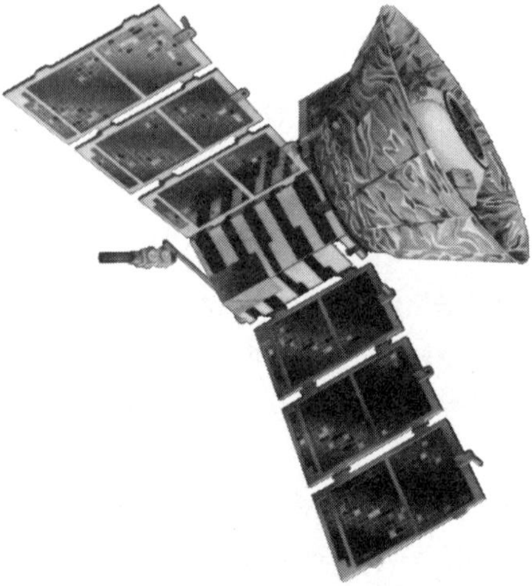

그림 70. 1989년~1993년 NASA가 CMB 측정을 위해 운영한 우주배경탐색 인공위성, COBE 66

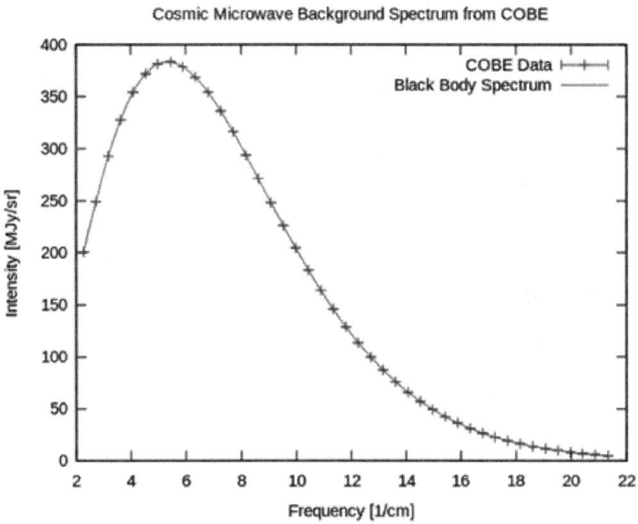

그림 71. COBE의 원적외선 분광계 FIRAS로 관측된 CMB 분광 그래프

였고 이것이 **그림 71**과 같은 흑체 스펙트럼의 일종으로 확인되었다. 이로서 CMB는 우주의 정상상태 모델[*104]로는 설명할 수 없는 빅뱅의 잔류물로 인식되기 시작했다. 1992년 COBE 위성은 또 다른 분석기[*105]로 CMB를 보다 정밀하게 측정하였으며 그 결과 불균일성이 발견되었다.[*106] 이러한 불균일성은 초기 우주에서 불안정한 중력으로 인한 (플

*104 (steady state model) 20세기 중반에 유행했던 우주이론의 한 종류이다. 팽창하는 우주는 물질을 지속적으로 생성하기 때문에 물질의 밀도는 일정하고 따라서 우주의 천체법칙도 언제 어디서나 항상 동일하다는 이론이다. 이 이론은 현재 우주의 모습을 잘 묘사할 수 없어 사장되었다.

*105 DMR(Differential Microwave Radiometer)

*106 이 발견으로 미국의 천체물리학자인 스무트(George Fitzgerald Smoot III, 1945. 2~)와 매더(John Cromwell Mather, 1946. 8~)는 2006년 노벨물리학상을 수상하였다.

라즈마 내 음향적 진동) 대규모 밀도변화로 해석되었다.[172] 이 불균일성에 우주 끈(cosmic string)의 영향을 확인할 수 없었고 따라서 우주 끈이 우주형성의 주성분이라는 이론은*107 배제되었으며 팽창이 천체의 구조 형성의 올바른 이론임이 확인되었다.[173]

NASA는 COBE 인공위성으로 1989년에서 1996년까지 대규모로 비등방성을 관측하였고 이후 다양한 관측이 이루어졌으며 현재의 우주팽창이론을 뒷받침 하였다. 1990년대, 2000년대를 거치면서 우주는 편평한 것으로 인식되었다. 2003년에 WMAP(그림 68 참조)는 처음으로 1도 이하의 해상도로 상세한 분광 신호를 분석하였다.[174] WMAP가 정확한 관찰을 통하여 CMB의 대규모 각 요동을 제시하였지만, 이전의 지상 간섭계가 측정한 소규모 각 요동은 제외되었다. 유럽 우주국의 플랑크 우주 탐지기(Plank spacecraft)*108는 보다 정밀한 기기를 갖추고 우주공간에서 2009년 5월부터 2013년 10월까지 CMB를 관찰하였다. 2013년 3월 플랑크 우주 탐지기가 CMB 지도를 내놓았는데, 이 지도에 따르면, 미미한 온도 요동이 우주가 370,000년 되었을 때 깊은 하늘에 퍼져있었다.[175] 이 요동은 우주 탄생 후 10^{-30}초에 발생한 파동을 반영한다. 이러한 파동은 지금의 거대한 은하의 우주규모의 거미줄과 암흑물질을 야기하였다. WMAP 데이터가 정밀해 짐에 따라 CMB의 비정상적인 현상, 가령, 거대규모의 비등방성, 비정상적 배열, 비 가우스 분포 등이 분석되

*107 초끈이론(Superstring theory)은 자연에 존재하는 모든 입자와 기본적인 힘을 극미한 초대칭의 끈의 진동으로 설명하는 이론이다.

*108 유럽 우주지국(European Space Agency, ESA)이 2009년에서 2013까지 운영한 우주공간의 관측소로서 매우 높은 정밀도를 갖춘 기기를 이용하여 마이크로파와 적외선 영역에서의 CMB 비등방성을 측정하였다.

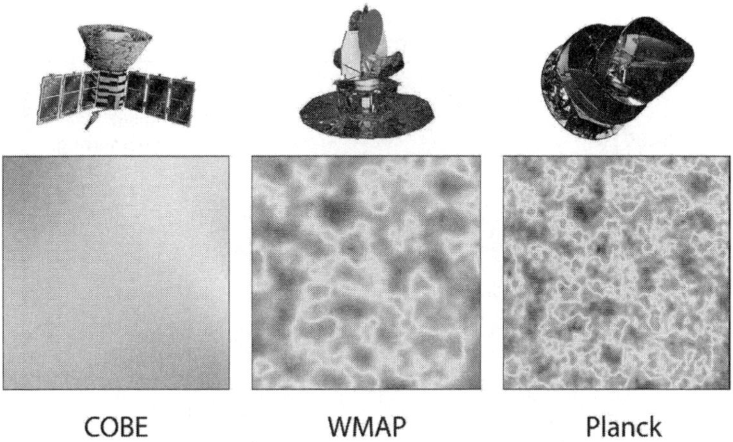

그림 72. CMB 비교: (March 21, 2013)

었다.[176] 이러한 정밀 분석에서 빅뱅의 예측으로는 설명할 수 없는 비정상 현상이 나타난다. 이러한 현상은 플랑크 망원경으로 동일하게 관측되어[177] 일부 과학자들은 이것은 새로운 물리의 신호일 수 있다고 해석한다.[178]

CMB의 비등방성에 대한 기존의 분석

CMB의 비등방성 구조는 음향진동(acoustic oscillation)과 광자확산감쇠*[109] 효과에 의한 것이다. 음향진동은 초기우주에서 광자와 중입자(물

*109 (photon diffusion damping) 우주이론에서 초기 우주에서의 밀도 불균일성(비등방성)을 감소시키는 물리학적인 과정으로 우주와 CMB를 균일하게 한다. 빅뱅 후 300,000년, 재결합 시대에 광자는 뜨거운 공간에서 차가운 공간으로 이동하여 온도편차를 줄였다. 이 효과는 물질의 음향진동, 도플러효과, 전자기파에 대한 중력효과 등과 함께 현재의 대규모 우주의 구조를 형성하는 역할을 하였다.

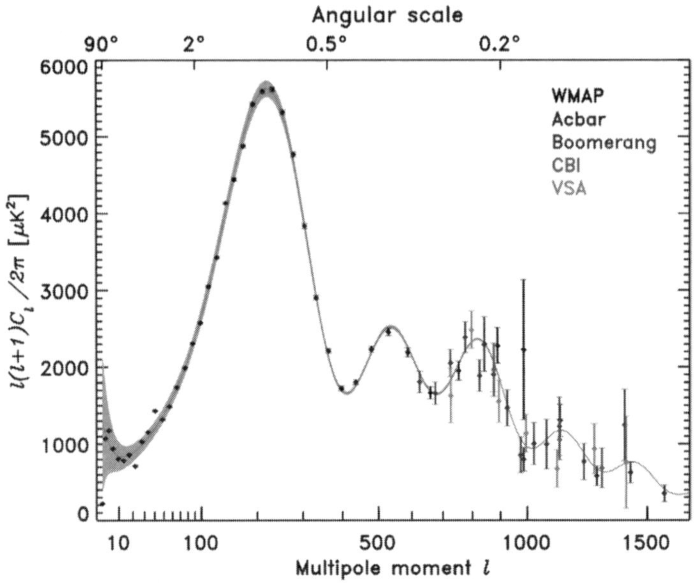

그림 73. 다극 모멘트(측정 각도)에 의거한 CMB 온도 비등방성과 에너지밀도 스펙트럼 관계

질) 플라즈마 사이의 마찰에 의한 것이다. 빛은 비등방성을 해소하는 경향이 있지만 중입자들은 빛보다 훨씬 낮은 속도로 움직이며 중력의 효과로 응집한다. 이 두 효과가 음향진동을 야기하여 **그림 73**과 같은 꼭지를 가진 구조를 형성한다. 첫 번째 꼭지의 각도로부터 우주의 형태를 알 수 있는 곡률을 구할 수 있고 두 번째 꼭지는 감소된 중입자 밀도를 결정한다.[179] 세 번째 꼭지에서 암흑물질의 밀도정보를 얻을 수 있다고 한다.[180] 암흑물질에 대해서는 다음 절에서 자세히 다룬다.

꼭지의 위치로 태초의 밀도편차(density perturbation)의 근원에 대한 정보도 얻을 수 있다. 밀도편차의 근원은 단열 및 등가곡률(isocurva-

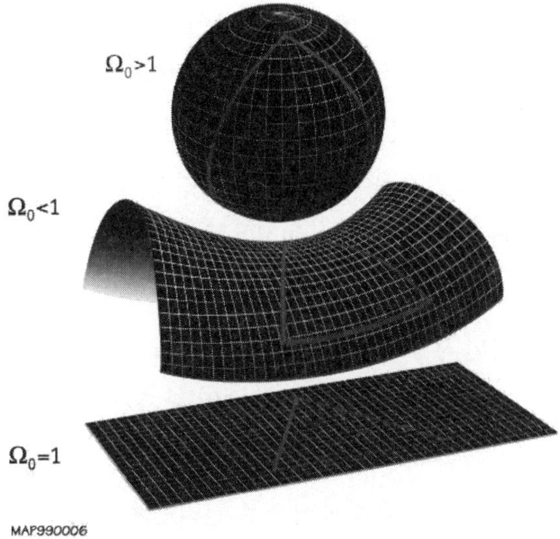

그림 74. 밀도인자 Ω에 따르는 2차원 우주의 형태. 우주의 곡률은 밀도인자 Ω로 결정된다.

ture, 등방성)이며 일반적으로 두 가지가 혼합된 것이다. 단열에 의해 생기는 밀도편차는 개별 입자의 잉여밀도 비율과 동일하다. 즉, 어떤 장소에서 중입자의 밀도가 1% 높으면 광자의 밀도 또한 1% 높다. 등가곡률에 의한 밀도편차는 개개의 장소에서 잉여밀도의 합이 0이다. 어떤 지점에서 평균보다 1% 많은 에너지가 중입자에 있으면, 광자에는 1% 많은 에너지가 있고 중성미자에는 2% 적은 에너지가 있는 것은 순수 등가곡률에 의한 편차이다. 등가곡률에 의한 밀도편차는 각이 1:3:5... 비인 위치에서 일련의 꼭지들을 만든다. 반면, 단열에 의한 밀도편차는 비가 1:2:3... 위치에서 꼭지들을 만든다.[181] 태초에 밀도편차가 생기는 것은 단열 팽창에 의한 것임을 관찰결과가 증명한다. 우주가 팽창함에 따라 태초의 플라즈마가 와해되어 열어지면서 광자의 자유비행거리가 급속히 늘어나고 아직 콤프턴 산란[*110]과 같은 비탄성 충돌이 일어나고 있다. 이런 효과들로 인하여 비등방성이 억제되고 아주 작은 각도에서는 소멸된다. 광자와 중입자의 분리는 일정기간을 두고 천천히 일어났다. 그 시간을 비등방성 탐색기 WMAP이 115,000년으로 계산하였고 최대 372,000년 동안 CMB가 형성되었다.[182]

CMB가 생성된 후 여러 영향으로 변형되었는데 이것을 후기 비등방성 또는 제2의 비등방성이라 한다. CMB 광자가 방해받지 않고 우주를 여행하기 시작했을 때, 우주의 물질은 대부분 수소와 헬륨원자로 존재하였고 그 대부분은 이온화과정으로 전리된 상태였다. CMB 광자는 자유 전자와 같은 전하입자에 의해 산란된다. 오늘날 우주공간의 전하입자는 밀도가 아주 낮아 CMB 영향을 미치지 않지만 초기 우주에서는 그 밀도가 높았으며 이로 인해 적은 규모의 비등방성이 사라지거나 광자가 자유 전자에 의해 산란되면 넓은 각도 범위에서 분극이 방향성(비등방성)을 갖는다. WMAP 우주선이 이런 효과를 관찰하여 우주는 태초에 전리된 상태인 것을 증명하였다. 하지만 최초의 별로부터 오는 빛, 최초의 초신성, 거대 블랙홀의 디스크 성장에 의한 이온화 복사 등이 포함될 수 있다는 반론도 있다.

---

*110 (Compton scattering) 콤프턴(Arthur Holly Compton, 미국 물리학자, 1892. 9~1962. 3)이 1923년에 발견한 현상으로 전자와 같은 전하를 띤 입자에 의해 광자가 산란하는 현상이다. 이때 광자의 에너지는 감소하여 파장이 증가한다(콤프턴 효과). 일부 감소된 에너지가 전자에 전달된다. 콤프턴은 이 현상을 발견한 공로로 1927년 노벨물리학상을 수상하였다. 이 발견은 전자기파의 입자특성을 입증하는 것이었다.

새로운 진공패러다임에서의 CMB

새로운 패러다임에 의한 진공매질의 존재 하에 우주 마이크로파 배경, 즉 CMB에 대하여 생각해보자. 먼저, CMB의 존재는 진공매질의 존재를 강하게 암시하고 있다고 할 수 있다. 우주의 진공매질이 CMB의 에너지를 담고 있는 것이다. CMB는 어디서 왔을까? 기존의 이론은 빅뱅에서 출발한다. 빅뱅 후 물질과 빛이 분리되지 않았을 때 (중입자 즉, 물질이 양성자와 전자로 구성되었을 때) 빛이 산란으로 전파하지 못하였으나 중성 수소가 생성되어 빛이 자유로이 전파가능한 시기에 생성되었다고 한다. 현재 측정되는 CMB는 마지막 산란의 표면이라 불리는 구형표면에서 온 것이라 한다. 우리는 여기서 이 구형의 표면이 최초의 초신성의 원형별의 표면이라고 하자. 그렇다면 이 원형별이 초신성이 되면서 빛을 발하고 이것이 우주의 진공매질로 퍼져나가면서 감쇠된 것이 CMB라고도 생각할 수 있다. 이 경우 빅뱅이 현재 우주의 모습을 결정한 것이 아니고 태초의 초신성이 그 근원이라 할 수 있다. 태초의 초신성이 분출한 에너지가 모여 작은 별들을 형성하고 이 별들 중에서 작은 초신성이 형성되어 다시 에너지를 분출하고 이 과정을 반복해오고 있는 과정이 현재의 우주의 모습이라고 상상할 수 있다. CMB의 정밀분석에서 발견되는 비등방성도 이러한 과정을 반영할 것이라 할 수 있다. 현재 CMB의 비등방성에 대한 해석은 미국 시카고 대학 천체물리학과 교수인 후(Wayne Hu)가 거의 유일하다. 빅뱅이론과 연관된 그의 해석을 보편적으로 받아들이기는 무리가 있어 보인다. 빅뱅 이론에 대해서는 3.11절에서 보다 상세히 다룰 것이다.

한편 이 비등방성은 진공매질의 구조를 반영하지 않을까? 등가곡률에 의한 밀도편차(중입자, 광자, 중성미자)의 각이 1:3:5... 비인 위치에서 일련의 꼭지들을 만들고 단열에 의한 밀도편차는 비가 1:2:3... 위치에서 꼭지들을 만든다고 한다. 진공매질이 **그림 14**와 같이 그 어떤 규칙격자 구조를 하고 있다면, 비등방성의 규칙성이 진공매질의 구조를 반영할 수 있을 것이다. 면심입방격자(fcc) 구조를 가진 강(steel)의 경우 투과전자현미경으로 **그림 75**와 같은 전자회절 무늬를 얻을 수 있다. 중심에서 보면 회절무늬의 강도가 특정한 각도에서 세어짐을 알 수 있다. CMB의 비정상적인 현상, 가령, 거대규모의 비등방성, 비정상적 배

그림 75. 투과전자현미경(Transmission Electron Microscopy, TEM)으로 얻은 면심입방구조를 가진 강(steel)의 전자회절 무늬. 중심에서 보면 일정한 각도에서 회절강도가 세다.

열, 非 정규(가우스) 분포 등은 빅뱅의 예측으로는 설명할 수 없다고 하였다. 진공매질의 존재로부터 해석될 수 있는 현상이 아닐까?

끝으로 CMB가 존재하면, CNB(또는 CνB, cosmetic neutrino background, 우주 중성미자 배경)도 존재할 것으로 생각해보았다. 중성미자는 태양과 같은 항성이나 초신성에서 빛과 같이 방출되지만[183] 물질과 거의 반응하지 않기 때문에 빅뱅초기에 방출된 것도 남아있을 것으로 추측되고 있다. 그 에너지는 $10^{-4}\sim10^{-6}$ eV이고 직접적으로 관찰할 수 없지만 간접적인 증거는 있다고 한다.[184] 진공매질에 담긴 빛과 중성미자가 모든 물질의 근원이라고 한다면 물질이 생기기 전에는 그 에너지가 매우 높은 상태였다고 상상할 수 있다. 이 빛과 중성미자로부터 전자와 양전자가 생겨나고 (진공요동 또는 양자요동, 각주 95 참조) 양전자가 진공매질의 격자에 포획되어 양성자를 형성한 후 중입자로 불리는 물질들이 생겨난 것이 아닐까? 이 경우 CMB와 CNB는 우주 팽창에 의한 잔유물이 아니라 물질을 만드는 재료로서 활용되고 남은 것이라 할 수 있다.

4.2. 암흑물질은 진공매질의 일부일까?

암흑물질은 아직 규정되지 않은 가상 물질로 천문학적으로 해석되지 않는 이상한 현상을 설명하기 위해 도입되었지만 전자기파와 반응하지 않아 관찰할 수 없다. 표준모델로는 우리 우주는 물질 4.9%, 암흑물질 26.8%, 암흑에너지 68.3%로 구성되었다고 한다.[185] 상당부분의 물질도 현재로서는 관측하지 못하며 이것을 합해도 10% 이상 되지 않는다.[186] 일부 천문학자들은 수정된 일반상대성이론을 제시하여 암흑물질 존재를 부정하고 있지만 은하의 회전곡선, 중력렌즈, 우주 마이크로파 배경(CMB)에 대한 중력효과 등으로부터 일관되게 추론되고 있다.[187] 암흑물질이 있다면 이것은 무엇으로 구성되어있을까? 가설 중에 가장 유력한 것은 암흑물질이 중력과 약력에 반응한다는 입자라는 것이다.[188] 하지만 암흑물질이 존재해야만 설명이 가능한 현상들은 존재하지만[*111] 이 가설속의 입자는 아직 발견되지 않고 있다.

암흑물질이 존재해야하는 이유

은하에 소속된 별은 소위 비리얼 정리[*112]를 따른다. 은하를 구성하는 항성의 속도는 빛의 도플러 효과를 통해 직접적으로 계산할 수 있다. 은하단의 중심에서 거리 r만큼 떨어져 있는 항성의 평균속력 v(r)는 반지름 r의 구면 속에 포함된 총 질량 M(r)과 비리얼 관계를 갖는다. 1933년 츠위키[*113]가 머리털자리 은하단[*114]에 맨 처음 비리얼 정리를 적용하여

---

*111 특히 우주 마이크로파 배경에서 보이는 불균일성(방향성)에 대한 설명

*112 (virial theorem) 일반적 역학계에서 평균 운동 에너지와 평균 위치 에너지가 서로 비례한다는 정리이다. 이를 사용하면 해석적으로 풀 수 없는 계의 평균 총 운동 에너지를 계산할 수 있다. 만약 계가 열평형에 있다면, 통계역학적으로 평균 운동 에너지를 계의 온도와 관련지을 수 있다. 그러나 비리얼 정리는 온도의 정의에 관계없이 열역학적 평형 상태에 있지 않은 계에 대해서도 적용할 수 있다.

*113 Fritz Zwicky(1898. 2~1974. 2) 스위스 천체물리학자.

*114 (Coma Cluster) 아벨 1656로도 불리는 이 은하단은 1,000개가 넘는 은하들로 구성된 거대한 은하단이다. 이 은하단은 머리털자리에 있기 때문에 그 별자리의 이름을 붙였다.

이 은하단의 중력에 의한 질량을 계산하였다.[189] 그 결과 은하단 발광체의 질량보다 400배나 많았으며 이러한 질량을 구성하는 미지의 보이지 않는 물질을 암흑 물질이라고 하였다.

나선형 은하의 발광체의 질량은 바깥쪽으로 가면 줄어든다. 실제 은하의 관측 결과에 따르면, v(r)는 전자기파의 도플러 효과로 관측할 수 있는 질량 분포에 비하여 더 천천히 감소한다. 이는 전자기파로 관찰할 수 없는 막대한 질량이 은하의 바깥쪽까지 존재하고 있다는 것을 의미할 수 있다. 발광체가 은하의 전체 질량의 대부분이라면 케플러의 제2법칙으로 회전속도는 외곽에서 감소할 것이다. 하지만 회전속도는 감소하지 않고 **그림 76**에서 보듯 거의 일정하다.[190] 케플러의 법칙이 맞는다면, 비발광(非發光) 질량이 상당량 있을 것으로 추론된다. 은하의 회전속도를 관찰하여 은하의 질량 분포를 유추할 수 있고 별들의 질량분포와 비리얼 정리를 이용해 속도분포를 계산할 수 있다. 질량분포관측에 의한 속도분포 예측치와 실제 속도분포는 다르다는 것이다. 암흑물질이 존재해야하는 이유이다.

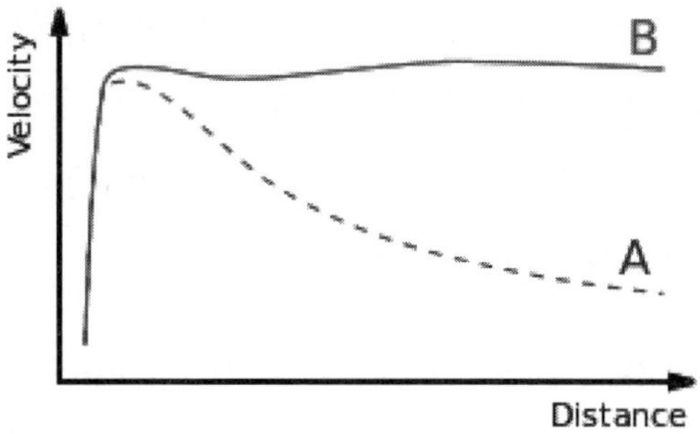

그림 76. 나선형 은하의 회전속도 분포: 예측값(A), 관측값(B).

암흑물질의 존재를 추정하게 하는 것 중에 하나가 중력렌즈(Gravitational lens)이다. 중력렌즈는 먼 광원과 관측자 사이에 존재하는 은하성단과 같은 물질에 의해 빛이 휘어지는 현상이다(**그림 78** 참조). 아인슈타인의 상대성 이론으로 휘어지는 정도를 예측할 수 있다.[*115] 1937년 츠위키가 은하성단에 의한 중력렌즈 현상을 제안하였지만[191] 1979년에 처음으로 한 쌍의 퀘이사 "Twin QSO" SBS 0957+561에 의해 확인되었다.[192] **그림 79**는 허블 우주 망원경으로 아벨(Abell) 1689[*116] 은하성단(galaxy cluster)에서 관찰된 강력한 중력렌즈 현상으로 후방의 은하 이미지가 중력렌즈를 통과하면서 심하게 왜곡된다.[193] 왜곡상태를 측정하여 중간 성단의 질량을 얻을 수 있고[194] 질량-빛의 비율로 부터 암흑물질의 존재를 추정할 수 있다. 질량-빛의 비율은 암흑물질의 밀도에 해당한다.[195]

암흑물질이 전자기파에 반응하기 않지만 우주 마이크로파 배경, 즉 CMB에 중력의 작용에 따른 흔적을 남긴다. CMB는 완벽한 흑체에 가까우나 온도분포의 미미한 방향성을 갖는다. 이것을 **그림 73**과 같이 에너지밀도 스펙트럼으로 분해할 수 있다. 방향성 관점에서 첫 번째 꼭지는 제1의 비등방성(anisotropy)을 나타내며 최종 산란표면에 의한 효과이다. 두 번째 것은 배경 전자기파와 고온가스나 중력과의 상호작용에 의한 효과로서 최후의 산란표면과 관측자 사이에 발생한다.[196] 제3의 꼭지는 암흑물질의 밀도와 관련된 것이라 한다.[197]

---

*115 2.7에서 증명하였듯이 새로운 진공매질의 패러다임으로도 동일한 예측이 가능하다.

*116 처녀자리에 있는 거대 은하단. 지구에서 128억 광년 떨어져있으며 16만개 이상의 은하로 구성되었다.

진공매질에서의 암흑물질이란?

암흑물질이 존재할 수밖에 없는 현상은 위 3가지 외에 우주 구조형성(Structure formation) 등이 있지만 이 책에서는 생략하기로 한다. 위에 언급된 3가지 존재이유는 다음과 같이 요약된다. 첫째는 **그림 76**에 나타내는 바와 같이 나선형 은하에 소속된 별들의 속도가 중심에서 멀어질수록 감소하지 않고 일정하게 유지된다는 것이다. 암흑물질이 존재한다면 잘 설명되는 현상이다. 여기서의 전제는 은하의 중심은 블랙홀 등이 있어 질량이 매우 높다는 것이다. 우리는 블랙홀을 다루었던 3.7절에서 블랙홀 자체가 존재하지 않거나 에너지가 매우 낮은 순수 진공매질과 유사한 상태라 하였다. 상대성이론에서는 블랙홀의 중력이 매우 커서 빛조차도 흡수될 수밖에 없다고 한다. 새로운 진공 패러다임에서는 중성자별에서 에너지가 소모되어 점점 증발해가는 그야말로 완전소각 후 남은 것이 블랙홀이라 할 수 있으며, 남은 에너지가 거의 소진된 상태이기 때문에 "검게" 보이는 구멍과 같을 것이다. 검기 때문에 빛을 잘 흡수하고 물질이 없는 빈 공간이기 때문에 주위의 물질을 빨아들이는 것처럼 보인다. 이때 **그림 63**처럼 빨려드는 물질로 인하여 밝게 빛날 수도 있는 것이다. 은하 중심에 있다는 블랙홀의 질량이 매우 낮다면, 별들의 속도가 중심에서 멀어질수록 단순하게 감소하지 않을 것이다. 그 속도는 (2.15)식과 같이 궤도회전반경안에 포함된 질량의 제곱근에 비례하기 때문에 중심에서는 속도가 매우 낮고 중심에서 일정거리에서부터 질량이 증가한다면 속도가 감소하지 않을 것이다. 속도가 일정하다는 것은 (2.15)식에 의거 질량이 중심과의 거리에 비례한다는 뜻이

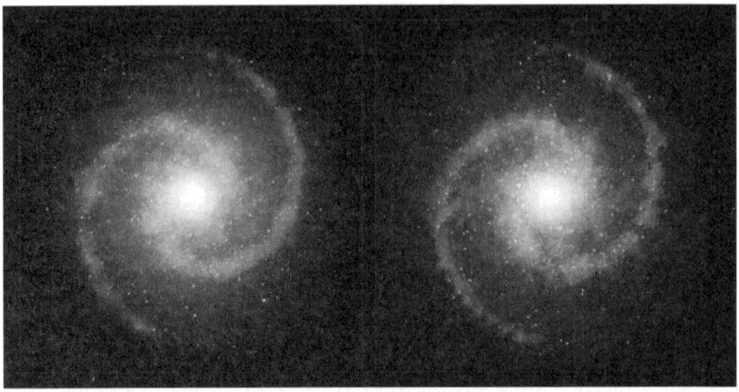

그림 77. 가상의 현재 은하(왼쪽): 바깥부분이 암흑물질(흐리게 보인다)로 인하여 회전속도가 빠르다. 가상의 10억 년 전 은하(오른쪽): 바깥부분에 암흑물질이 적어 은하가 선명하게 보이고 상대적으로 회전속도가 느리다. 하지만 은하의 중심에 있다고 추정되는 블랙홀의 질량이 매우 작다면 암흑물질은 존재하지 않을 수 있다.

다. 은하의 중심이 질량이 가장 낮아야 하고 거리에 따라 질량이 증가할 것이라는 우리의 추론과 일치한다. **그림 77**에서 보듯이 10억 년 전의 은하는 중심에서 질량이 높아 중심에서 먼 별들의 속도가 낮았으나 현재는 중심 질량이 감소하여 그 속도가 높아진 것을 알 수 있다.

그림 76과 같은 나선 은하의 회전속도 분포를 설명이 가능한 또 다른 이유는 **그림 43**에서 보듯 매우 우리 은하 단면이 매우 편평하기 때문이다. 정지한 물체의 진공매질의 왜곡은 3차원의 점대칭이지만, 나선 은하처럼 회전하고 그 회전면에 질량이 집중되어있다면 그 왜곡은 2차원의 점대칭으로 발달한다. 이로 인해 회전평면에서의 진공매질의 왜곡이 더 심해지고 이 평면상에 놓여있는 항성 간에 영향력은 증가할 것이다. 나선 은하의 편평도가 커지면 그 영향력 또한 커지고 궁극적으

로 구성 항성들이 한 몸체로 움직일 것이다. 중심에서 멀어질수록 항성의 속도는 그 거리에 비례하여 증가한다. 따라서 **그림** 76의 B 곡선은 편평한 나선 은하의 2차원 진공매질에 왜곡에서 오는 속도증가와 케플러 법칙에 의한 감소(A 곡선)의 조합으로 설명된다. 이것의 원리는 수성의 세차운동과 동일하다.

두 번째 암흑물질의 존재를 암시하는 것은 **그림** 78과 **그림** 79와 같은 중력렌즈 현상이다. 후방의 은하 이미지의 중력렌즈에 의한 왜곡상태를 측정하여 중간 성단의 질량을 얻고 질량-빛의 비율로 부터 암흑물질의 존재를 추정한다. 질량이 있으면 빛이 있고 따라서 빛에 해당하는 질량이 이미지 왜곡으로부터 계산된 질량과 차이가 있으면 이것을 암흑물질이라는 것이다. 왜곡에 의한 질량은 아인슈타인의 상대성이론으로

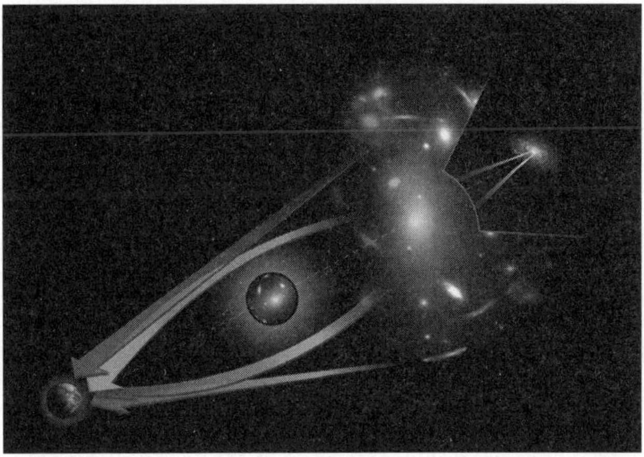

그림 78. 빛이 거대 구조의 중력렌즈 효과에 의해 관측되는 상상도. 가운데 흰 화살표는 중력에 의한 빛의 굴절이며 직선의 화살표는 지구 관찰자가 보는 빛의 궤적이다.

그림 79. 허블 우주 망원경으로 아벨 1689 은하성단에서 관찰된 강력한 중력렌즈 현상

부터 구할 수 있지만 2.7절에서 제시한 바와 같이 진공매질의 왜곡으로부터 구할 수 있다. 여기서 두 가지 의문을 제기한다. 그 하나는 모든 질량은 빛을 발하는가? 사실 태양계에서 자체적으로 빛을 발하는 것은 태양 밖에 없다고 할 수 있다. 하지만 빛을 발하지 않는 질량은 별로 많지 않아 10% 이상 되지 않는다는 것이다. 그래서 암흑물질이 존재해야한다는 것이다. 다른 하나는 중력렌즈 현상을 야기하는 렌즈는 오목렌즈인가 볼록렌즈인가? **그림 80**에서 보는 바와 같이 입사광은 렌즈의 종류에 관계없이 먼 거리에서 이미지가 확대된다. 물론 볼록렌즈의 경우 이미지가 축소된 후 전도되는 것을 알 수 있다. 중력렌즈 현상의 원인이

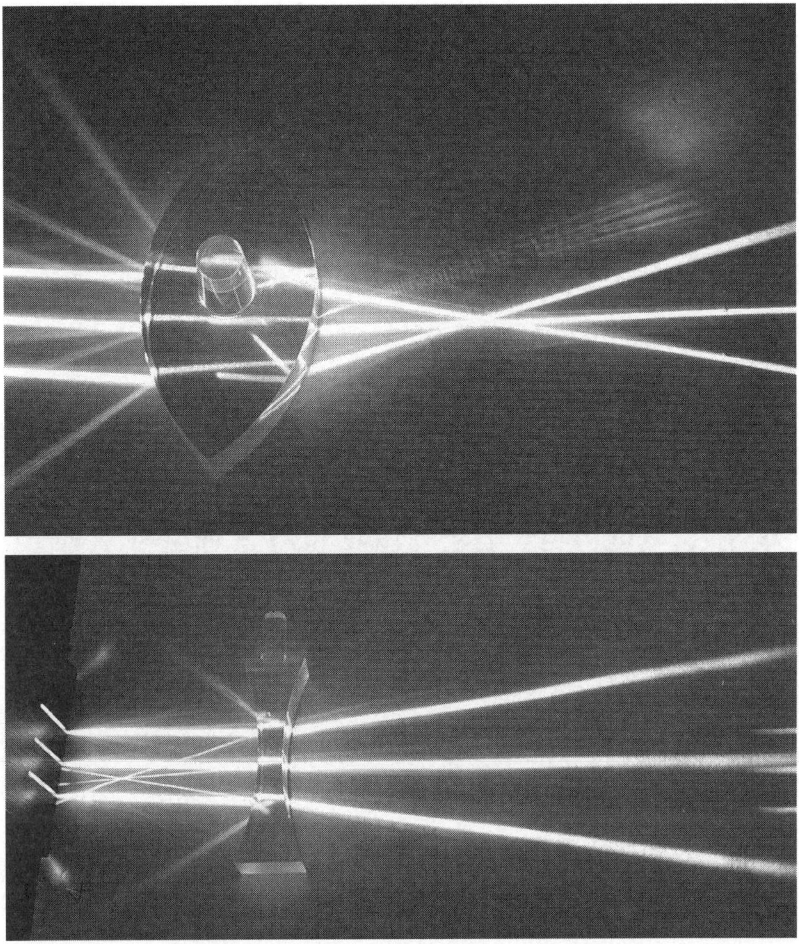

그림 80. 볼록(상) 및 오목(하) 렌즈에 의한 빛의 굴절

확인되지 않는 암흑물질 때문이 아니고 은하 성단 내의 질량이 없는 블랙홀일 수도 있는 것이다.

세 번째 암흑물질이 존재한다는 증거로 CMB에서 찾는다. 그림 73

과 같이 암흑물질은 CMB의 비등방성에 그 흔적을 남긴다고 한다. 이것은 3.11절에서 다루게 될 빅뱅 모델, 특히 표준모델로 인식되고 있는 Λ-CDM 모델과 관련이 있다. 하지만 우주상수 Λ가 아인슈타인의 일반상대성 이론의 부족한 것을 채우기 위해 도입된 것처럼 암흑물질은 기존의 빅뱅 모델의 잘못된 점을 메우기 위해 도입되었다고 할 수 있다. 실제로 존재하지도 않고 존재할 수도 없는 것을 도입한 것은 기존 이론의 모순을 감추고 보호하고자하는 관습주의자들의 책략이라는 것이다.[198]

4.3. 암흑에너지–진공매질에 담겨진 에너지

현대 우주물리학, 천문학에서 암흑에너지는 모든 공간에 스며있다고 여겨지는 알 수 없는 에너지로 우주의 가속팽창을 야기한다고 한다.[199] 우주의 표준모델인 Λ-CDM 모델이 정확하다면, 관찰 가능한 우주에너지의 68.3%를 차지한다. 암흑에너지 밀도는 $\sim 7\times10^{-30}$ g/cm^3 정도로 매우 낮으나 전 우주에 퍼져 있기 때문에 절대량은 많다.[200] 암흑에너지의 후보는 우주에 균일하게 퍼져있는 우주상수 Λ이거나 제5원소(quintessence)[201] 같은 스칼라로서 에너지밀도가 시간과 공간에서 변하는 그 어떤 동적인 양(dynamic quantity)이다. 공간상에서 변하지 않고 일정한 값을 가지는 에너지는 우주상수에 포함되며 진공에너지와 동일시 된다.[202]

암흑에너지의 기원과 증거

우주상수는 아인슈타인이 우주가 중력으로 수축하지 않기 위해 (1.9)식의 아인슈타인 방정식에 도입한 것으로 중력과 평형을 이루는 것이다. 하지만 이러한 평온한 우주(static universe)는 국부적인 불균일성이 결국은 팽창이나 수축을 야기하기 때문에 불안정한 것으로 밝혀졌다.[203] 우주가 약간 팽창하면 팽창으로 진공에너지를 방출하기 때문에 더 팽창할 것이고 약간 수축하면 더 수축하게 된다. 우주에 물질이 불균일하게 분포하기 때문에 필연적인 결과이다. 더욱이 1929년 허블이 우주가 팽창하는 것을 관찰하여 정적인 우주를 상정했던 아인슈타인은 자신의 실패를 인정하였다.[*117] 이후 우주상수는 한동안 현재의 우주와 관련이 없는 것으로 여겨졌다. 그런데 1998년과 1999년 초신성의 가속팽창을 나타내는 적색편이가 관찰되어 우주이론에 우주상수가 필요하였고 이 상수가 대표하는 가상의 암흑에너지가 등장하였다.[204]

일반상대성 이론에서 우주가 팽창하는 정도는 우주의 곡률과 우주의 상태방정식으로[*118]부터 산정할 수 있다. 현재 우주상수(Λ)가 포함된 Λ-CDM 모델이 관찰결과와 가장 잘 일치하기 때문에 "우주의 표준모델(standard model of cosmology)"로 받아들여지고 있다. 하지만 먼 우주

*117 Gamow, George(1970) My World Line: An Informal Autobiography. p. 44: "시간이 많이 지난 후에, 아인슈타인과 우주상수 문제에 대해 논의하고 있을 때, 그는 우주상수를 도입한 것이 본인 생애에 가장 큰 실패라고 고백하였다" 여기서 "우주상수"란 아인슈타인이 우주가 팽창도 수축도 하지 않는다는 것을 보장하기 위해 도입한 일반 상대성 이론의 방정식의 상수이다. 이것은 아이러니하게 허블이 최초로 관측한 우주팽창을 이론적으로 예측한 것이다.

*118 우주 임의의 공간에 대하여 온도와 압력과의 관계, 복합물질, 에너지 및 진공에너지 밀도 등의 상태를 나타내는 방정식

의 관찰결과로만 암흑에너지의 존재를 확언하기는 좀 부족하다 할 수 있다. 그 실체에 상관없이 우주의 가속팽창을 설명하기 위해 암흑에너지는 복사(radiation)압과 같은 강력한 음압(반발력)을 가져야 한다.[205] 암흑에너지의 증거는 간접적으로 다음과 같은 3가지에 근거한다.

- 거리와 적색편이와의 관계: 우주가 더 팽창하고 있다는 증거.
- 물질이나 암흑물질이 아닌 제3의 에너지가 이론적으로 편평한 우주를 설명하기 위해 필요(현재 우주가 휘었다는 증거가 없다).
- 우주에서 측정되는 질량밀도의 대규모 요동 패턴으로부터 유추 가능.

암흑에너지의 존재이유

어떤 형태와 상관없이 암흑에너지는 현재까지 관측된 우주공간의 기하구조와 대응하기 위해서 필요하다. CMB 비등방성으로부터 우주가 편평한 것(평이한 3차원)에 가깝다는 것을 알 수 있다. 이때 우주의 질량/에너지 밀도는 **그림 74**와 같이 임계밀도(critical density)와 같아야 한다. 임계밀도는 프리드만-르메트르 우주가[*119] 상정하는 우주에서 우주가 편평한 구조를 하고 있을 때의 밀도이다. 현재 임계밀도는 평방미터당 5개의 수소원자 정도로 계산되나 실제 물질의 밀도는 0.2~0.25 정도로 추정된다.[206] 따라서 우주가 편평하다면, 물질 이외의 것으로 채워

*119 Friedmann-Lemaitre 우주는 아인슈타인의 일반상대성이론 방정식의 하나의 정확한 해인 Friedmann-Lemaître-Robertson-Walker (FLRW) 계량이 상정하는 균일한, 등방성의 팽창하는 우주이다. 이것이 발전하여 Λ-CDM 모델이 되었다.

져야 하며 물질과 암흑물질을 합해도 30%정도이므로 암흑에너지가 필요한 이유이다.[207] 최근의 초신성에 대한 관찰 결과 우주는 71.3%가 암흑에너지이고 27.4%가 암흑물질과 물질의 합이다.[208] 2013년에 유럽의 CMB 탐사선인 플랑크 우주선이 관찰한 CMB 데이터 분석의 결과에 의하면 68.3%가 암흑에너지, 26.8%가 암흑물질이고 물질은 4.9%에 불과하다.[209]

암흑에너지의 가장 간단한 설명은 진공의 고유한 기본에너지, 즉 우주상수 Λ이다. 에너지와 질량 등가원리로 이 에너지는 중력에 영향을 미친다. 우주상수가 이 에너지만큼 음압을 작용하기 때문에 우주가 가속 팽창한다. 열역학적으로 공간이 팽창하면, 에너지는 감소한다. (용기는 외부에 대해 일을 해야 한다) 하지만 진공에너지는 팽창한 부피만큼 증가하기 때문에 압력은 음압이 되는 것이다. 이 우주상수가 Λ-CDM 모델에서 핵심이다. 하지만 양자장 이론은 100승배 이상의 진공에너지를 산정하기도 한다.[210] 우주상수의 에너지와 엄청난 차이이다. 이러한 차이를 진공대재앙이라 불린다고 하였다. 어떤 초대칭이론은 우주상수가 정확히 0이어야 한다.[211] 암흑에너지에 대한 회의적 시각(Observational skepticism)이 엄연히 존재하며 암흑에너지의 존재를 부정하고 있다. 암흑에너지를 암시하는 관측결과를 기존이론을 바탕으로 보다 세심하게 분석하여 암흑에너지는 실존하지 않는 신기루라는 주장도 있다. 단순한 측정 오류라는 것이다. 예로, 우리가 우주공간에서 평균보다 밀도가 낮은 곳에 있다면 관측된 우주팽창 속도는 시간의 변화 또는 가속도의 착오라는 것이다.[212] 중력질량과 관성질량이 동일하다는 등가원리를 이용하여 공간이 어떻게 성단(cluster) 주위의 빈 공간에서 보다 빠르게 팽창하는 것처럼 보이게 되는 것이다. 이런 효과가 아무리 미미하더라도 수십억 년 축적되면 우주팽창처럼 보이고 우리가 허블의 버블에 있는 것처럼 보일 것이다.[213] 또 하나의 시각은 우주가 가속 팽창하는 것은 우리의 우주에 대한 상대적 운동 때문에 형성된 환상이라는 것이다.[214]

위에 언급된 내용을 정리하면, 암흑에너지는 먼 우주의 초신성에서 오는 빛의 적색편이 현상이 우주의 가속팽창에 의한 것이라는 가설을 설명하기 위해 도입된 것이다. 이것이 수학적으로 표현된 것이 우주상수 Λ이다. Λ는 아인슈타인의 일반상대성 이론에 의거한 아인슈타인 방정식에 도입된 상수이다. Λ에 의해 우주는 중력에 의해 수축하지 않는다. 이 방정식의 정확한 해 가운데 하나인 FLRW 계량은 우리 우주를 균일한, 등방성의 팽창하는 것으로 상정하였다. CMB의 비등방성의 관찰로 추정되는 편평한 우리 우주는 FLRW 계량을 통해 암흑에너지가 70% 육박하고 가속 팽창할 것으로 예측되고 이것이 먼 우주의 적색편이 현상으로 확인된다는 것이다.

진공매질 속에서의 암흑에너지

아인슈타인의 방정식으로 표현되는 일반상대성 이론은 그 근원이 규정되지 않는 중력이 이론의 중심이다.[*120] 현재 우주에서 관찰되는 물질은 진공매질(의 격자)에 포획되어 진공매질을 왜곡한다. 물질을 감싸는 진공매질의 왜곡이 중력이라는 인력을 야기한다. 일반상대성 이론에서

*120 아인슈타인은 중력은 힘이 아니고 시공간 왜곡에서 오는 현상이라 하였다. 1.4절 참조

시공간이 휜다는 개념과 유사하다. 이 인력의 작용으로 물질이 응집하고 태양과 같은 항성을 형성한다. 하지만 주변 진공매질의 응력에 의해 쥐어짜듯이 에너지가 방출하여 수축하거나 초신성과 같이 폭발적으로 에너지가 감소하고 핵 부분만 남아 중성자별이 되기도 한다. 항성의 빛은 이런 과정으로 방출되는 에너지의 일부분이다. 진공매질의 왜곡은 중력과 같은 인력을 만들어 물질을 응집하게 하지만 응집된 물질의 에너지를 짜내기도 한다. 진공매질의 존재 하에서는 중력에 의해 우주가 수축할 이유가 없으며 이 수축을 방지하는 우주상수도 필요 없다. 우주가 수축 또는 팽창하는 것은 우리의 새로운 진공 패러다임에서는 그 해당사항이 없다할 것이다.

암흑에너지가 존재한다면, 진공매질과 어떤 관계가 있을 것이며, 암흑에너지의 존재를 확인해 주는 현상들이 진공매질의 거동과 어떻게 연관된 것인가? 새로운 패러다임의 기본은 진공매질의 존재이다. 이 매질의 존재는 직접적으로 확인할 수 없다. 진공매질은 에너지가 없는 기본 구조이기 때문이다. 우리가 알 수 있는 것은 이 진공매질에 에너지가 더해졌을 때 나타나는 현상들이다. 그런 의미에서 암흑에너지는 진공매질과 닮았다. 우주의 크기는 알 수 없지만, CMB와 같이 미미한 에너지라도 전 우주에 퍼져있다면, 그 에너지는 엄청날 것이다. 암흑에너지의 근원이라 불릴 수 있는 것은 미립자 중에 중성미자라는 것이 있다. 중성미자는 에너지를 가진 그 무엇이지만, 물질과 반응하지 않는 것이다. 암흑에너지 특성과 비슷하다. 중성미자는 태양과 같은 항성에서 빛과 함께 지속적으로 방출되고 있으며, 초신성 폭발 시 엄청난 양이 방출된다. 하지만 아직 중성미자가 어떤 방식으로 우주에 저장되고 있는지

모른다. **그림 42**와 같은 핵융합 과정에서 중성미자는 전자와 양성자가 중성자로 변하면서 방출되는 것이다. 이 중성자의 에너지마저 방출하면 진공매질의 격자만 남는다. 방출되는 것 중에 빛 에너지는 우리가 관측 가능한 CMB로 남을 것이고 중성미자는 현재 관측이 불가능한 암흑에너지가 될 것이다. 이것은 CMB와 대비되는 우주 중성미자 배경 CNB이다. 중성미자는 진공격자의 진동으로 전기장과 자기장을 발생하기 않기 때문에 물질과 반응이 거의 없다. 우주의 진공매질에 중성미자가 축적되면 (즉, 에너지가 축적되면) 전체 우주가 (열)팽창하는 것으로 생각될 수 있다.

지금까지 알려진 바에 의하면 중성미자의 속도는 빛의 속도와 동일하다. 우리는 2.2절에서 중성미자는 진공매질의 압력파이고 빛은 전단파이라는 가설을 세웠다. 중성미자가 압력파이면 (2.5)식과 같이 부피탄성계수는 음의 값을 갖는다. 열역학적으로 공간이 팽창하면, 외부에 대해 일을 하기 때문에 에너지는 감소한다. 따라서 음의 부피탄성계수는 열역학적으로 불가능하다. 하지만 우주상수로 표현되는 암흑에너지는 팽창한 부피만큼 증가하기 때문에 압력은 음압이 되는 것이다. 이런 의미에서 암흑에너지는 진공매질의 음의 부피탄성계수와 연관성이 있어 보인다.

4.4. 빅뱅(우주 대폭발) 이론을 대신하여

현재 우주의 기원으로 빅뱅이론이 정설로 인정되고 있다. 빅뱅이론은 우주가 135억년(?)전에 거대한 에너지가 집중된 한 점에서 큰 폭발(빅뱅)이 일어나 팽창을 계속하면서 지금처럼 되었다고 하는 이론이다.[215] 이 이론은 허블이 망원경(허블 망원경)으로 우주를 관찰하면서 멀리 떨어진 다른 은하가 계속 멀어지고 있다는 사실로부터 출발한다.[*121] 현재 속도로 팽창하는 우주의 시계를 되돌리면 약 135억 년 전에는 우주가 한 점에 모여 있을 것이라는 결론에 도달한다.

빅뱅이론—Λ-CDM

대부분의 우주를 다루는 이론은 우주의 위치에 상관없이 균일하다는 가정에서 출발한다.[216] 현재 가장 유력한 *Λ*-CDM(cold dark matter) 모델은 빅뱅가설에서 우주상수(Greek *Λ*)와 암흑에너지, 암흑물질(cold dark matter, CDM)을 도입 이론화한 것이다. 이 모델은 1990년대 후반에 출현한 것으로 일반상대성 원리를 기반으로 하고 있다. 이 모델은 제4장의 앞선 절에서 부분적으로 설명하였듯이 다음과 같은 현상을 잘 설명한다.

- CMB의 비등방성 구조
- 은하 분포에 대한 대규모 구조
- 다량의 수소, 헬륨, 리튬의 존재
- 먼 은하 및 초신성에서 관찰되는 우주의 가속팽창

*121 관찰된 빛의 적색편이로부터 유추함.

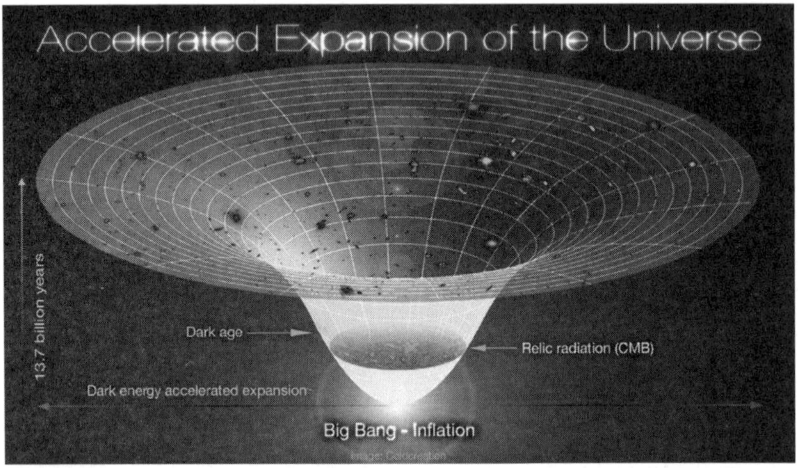

그림 81. *Λ*-CDM 모델의 우주의 가속 팽창

우주 대폭발, 즉 빅뱅 후 별, 은하, 성운 등이 초기 물질로부터 형성된 시기를 구조형성(Structure formation) 시기라고 한다. 이 시기 이전에는 프리드만 해*122에 의하여 우주는 균일하였다고 한다.[217] 물질은 초기 우주의 주 에너지인 빛에 영향을 받지만 빛은 밀도요동(density fluctuation)을 야기할 수 없기 때문에 구조가 형성될 수 없었다.[218] 이후 암흑물질로 인하여 균일성이 깨어져 항성, 은하, 기타 대규모 구조가 생겨났다. 우주에 물질만 있다면 성운이나 은하 등이 형성될 시간이 없을 것이다. 암흑물질은 빛에 영향을 받지 않으며 충돌이 없기 때문에 흩어지지 않아 밀도요동에 의한 물질의 비균일 밀도분포를 야기한다. 그 후 중력의 작용으로 물질이 뭉쳐서 현재의 우주가 완성되었다고 예측한

*122 Friedmann solution 또는 Friedmann-Lemaître-Robertson -Walker (FLRW) metric. 아인슈타인의 일반상대성 이론의 정확한 해의 하나로 우주를 균일하고 등방인 것으로 묘사한다.

다.[219] 이러한 과정이 현재 관측되는 CMB의 비등방성 구조로부터 알 수 있다는 것이다. 우주가 가속 팽창한다는 이 모델은 먼 은하에서 오는 빛의 적색편이와 초신성 광도 감쇠(light decay)에 의한 시간지연 또는 시간팽창(time dilation)에 기반하고 있다. 두 현상 모두 도플러 효과에 의한 것이다. 우주가 가속 팽창하기 위해서는 중력에 의한 인력을 상쇄하는 힘(음압)으로 작용하는 미지의 에너지가 필요하며 그것이 Λ로 표현되는 우주상수이다.[220] 현재의 우주 구조, 미래의 우주의 운명(가속팽창)을 설명하기 위해 차가운 암흑물질(Cold Dark Matter, CDM)과 암흑에너지(우주상수 Λ)가 필요한 것이다. 그래서 현재 우주의 표준모델이 Λ-CDM인 것이다.

빅뱅에 모자란 그 무엇

全 우주의 에너지가 집결된 하나의 점에서 어마어마한 폭발을 일으키며 우주가 탄생하였다는 빅뱅 이론은 상식적으로 받아들이기 힘들다. 그렇지만 현재 우주에 다량의 수소, 헬륨, 리튬이 존재하는 것은 빅뱅 초기에 이루어진 핵합성(nucleosynthesis) 때문이라는 것이다. 이 초기 핵합성을 원시 또는 빅뱅 핵합성[*123]이라한다. 빅뱅이 발생한 후 10초에서 20분 사이 진행된 핵융합으로 수소 동이원소 이외의 가벼운 원소들이 합성되었다고 한다.[221] 현재 우주에 수소가 75%, 헬륨이 25%인 것이 빅뱅 핵합성에 의한 예측치와 개략적으로 일치한다. 하지만 빅뱅 이론이 예측한 리튬의 양이 관측치의 3분의 1밖에 되지 않는다. 학자들은 이론

*123 primordial 또는 Big Bang nucleosynthesis

상 추정치와의 차이를 리튬 이외의 원소로 바뀔 확률이 높아 실제 리튬의 양이 적다고 주장한다.[222] 이 가설은 실험으로 확인이 어려워 증명되지 못했다. 최근 연구에서 일본의 가와바타(京都大學 理學硏究科 准敎授) 연구팀은 불안정한 헬륨을 이용하여 베릴륨이 헬륨으로 바뀔 확률은 높지 않은 것을 밝혔다.[223] 이 결과는 리튬의 이론치와 측정치의 간극을 설명하는 기존의 추론을 반박하는 것으로서 빅뱅이론이 도전을 받고 있다. 빅뱅이론이 폐기되거나 수정되어야 할 것이다.

지금까지 암흑물질은 발견되지 않았고 암흑에너지 또한 단순한 이론으로 그 값이 너무 작기 때문에 관찰이 거의 불가능하다고 할 수 있다. 이 모델은 은하보다 먼 우주의 대규모의 관찰결과를 잘 설명하지만 은하 규모이하에서는 은하의 최중심부에 너무 많은 왜소은하[*124]와 암흑물질을 예측하는 결함이 있다.[224] 전산모사로 해결할 수 없는데, 이것이 전산모사의 문제인지 암흑물질의 특성을 잘못 파악한 것인지 모델에 심각한 결함이 있는 것인지 아직 확실하지 않다. 20세기 위대한 과학철학자인 칼 포퍼는 Λ-CDM 모델은 사회적 약속(conventionalist stratagems)에 기반한 것으로 모순이 생길 수 없는 구조로 되어있다고 혹평하였다.[225]

진공매질을 동반하는 새로운 우주론

새로운 패러다임에 의한 진공매질과 우주물질을 상정한다면, 빅뱅의 시

*124 矮小銀河, dwarf galaxy. 수십억 개까지의 별로 구성된 작은 은하이다. 참고로 우리 은하는 2,000억에서 4,000억 개의 별로 구성된다.

그림 82. 칼 포퍼(Karl Popper) 1902. 6~1994. 9

작점에서 물질뿐만 아니라 진공매질도 같이 형성되었을 것으로 생각할 수 있다. 아니면, 진공매질은 이미 존재하고 있는 상태에서 빅뱅에 의해 물질만 형성되었다고도 할 수 있다. 후자의 경우 우주의 팽창이라는 말은 성립이 되지 않는다. 진공매질로 이루어진 "깨끗한" 우주가 이미 존재하고 있었기 때문이다. Λ-CDM 모델로 대표되는 기존의 빅뱅이론은 암흑물질, 암흑에너지, 우주의 리튬의 양 등 확인되지 않거나 모순되는 문제점을 안고 있다. 이 이론은 아인슈타인의 일반상대성 이론을 근간으로 하고 있다. 상대성 이론의 시공간 왜곡은 진공매질의 왜곡과 유사한 점이 있어 우주의 현상을 해석함에서 있어서 큰 차이점을 나타내지 않았다. 하지만 진공매질이 존재해야지만 관성운동으로부터 중력이라는 인력이 유추되며 중력질량도 물체의 운동 양상에서 따라 방향성을 가진다는 것은 상대성 이론에서는 확인할 수 없었다. 중력이란 물질 내부로 부터의 나오는 고유한 힘이 아니고 진공매질이 외부에서 가하는 힘으로 초신성, 블랙홀 등의 우주현상을 일관되게 설명할 수 있었다. Λ-CDM 모델과 같은 빅뱅이론이 아니라면 새로운 진공 패러다임에서의 우주는 어떻게 생성된 것일까?

우리는 빅뱅이론 대신 우주순환론을 주장한다. 물질은 물질-에너지 등가원리에 의해 서로 교환이 가능하다. 아니 서로 구분이 없다고 해야 할 것이다. 물질(에너지)을 구분하자면, 빛이나 중성미자와 같이 한곳에 머물지 않고 진공매질을 통해 퍼져나가는 것과 전자, 양성자, 중성자와 같이 진공매질의 격자나 그 주위에 얽매인 것이 있다. 얽매어 있기 때문에 질량이 되는 것이다. 먼저 진공매질로 구성된 우주에는 빛과 중성미자만 존재하였다고 하자. 이로 인해 진공매질은 균일하게 요동치고 있다. 이 요동으로 우주는 최대로 팽창된 상태이며 국부적으로 전자와 양전자가 생성 및 소멸을 반복한다. 일부 생성된 양전자가 중성미자를 흡수하면서 진공매질의 격자에 포획된다. 이렇게 전자와 양성자가 생성되었고 이들은 진공매질의 왜곡에 의한 응력으로 서로 이끌려 수소원자를 형성한다. 빛과 중성미자의 에너지가 질량으로 변하면서 우주는 냉각된다. 점점 더 많은 수소원자가 생기고 우주는 점점 더 냉각되어 간다. 여러 수소원자들은 진공매질의 왜곡 에너지를 감소하기 위해 서로 뭉치게 되며 결국에는 하나의 구를 만들어 낸다. 하나의 매우 큰 별이 탄생한 것이다. 이 별은 현재 전우주의 모든 별들을 합친 것보다 클 것이다. 이 유일한 별은 현재 관측되는 초신성 폭발과 같은 과정을 거쳐 산산이 부서진다. 이후 2, 3차 초신성 폭발이 이어져 남은 잔해가 지금 관측되는 모든 별, 은하 등을 구성하며 상당한 에너지가 빛과 중성미자의 형태로 우주에 배출된다. 우주는 다시 데워지는 것이다. 전 우주에 산재된 물질은 진공매질의 왜곡에너지 때문에 궁극적으로 중성자별-블랙홀 등의 과정을 거치면서 빛과 중성미자로 모두 소모되어 우주는 다시 빛과 중성미자로만 가득한 곳으로 변한다. 우주의 빛과 중성미자의 에너지가 임계점을 초과하면 진공매질에서 다시 전자와 양성자가 생겨나고 빛과 중성미자의 에너지가 질량으로 변한다. 이렇게 우주 순환의 한 주기를 형성한다. 이 과정이 동일하게 반복할 수도 있지만 어느 시점에 평형상태에 도달할 수도 있을 것으로 생각된다. 한쪽에서는 빛과 중성미자로부터 질량이 만들어지고 다른 한쪽에서는 질량이 빛과 중성미자로 돌아가는 동적인 평형상태를 상상할 수 있다. 영원히…

제 5 장

거꾸로 바라본 우주는 단순 명쾌하다

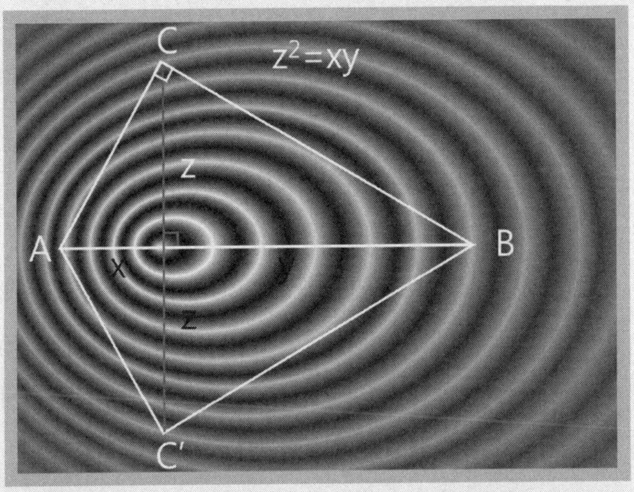

질량은 에너지이고 이 에너지는 진공매질 격자점의 진동에너지이다. 이 진동으로 점대칭의 물질파가 발생하며 질량이 클수록 진동수가 크다. 진동의 중심이 이동하면 물질파의 대칭이 깨지고 진공매질의 왜곡 에너지로 저장된다. 물체는 항상 진공매질의 왜곡이 심한 쪽으로 움직인다. 이 움직임의 결과 왜곡의 정도가 일정하게 유지되는 것이 관성이다. 하나의 물체가 형성하는 점대칭 왜곡은 다른 물체에 대해 비대칭 왜곡을 야기하고 이를 통해 서로 인력을 느낀다. 물질이 인력으로 집중할수록 더 큰 인력이 작용하기 때문에 항성의 내부는 압력이 매우 높은 상태에서 핵융합이 끊임없이 발생하고 그 에너지가 빛이나 중성미자를 통하여 서서히 또는 초신성으로 폭발적으로 발산된다.

우리는 이 책에서 진공을 밀도가 매우 높은 매질로 채워진 에너지가 없는 상태라고 상정하여 우주 현상들을 재해석하고자 하였다. 진공을 구성하는 매질에 에너지가 더해지면, 진공매질이 변형, 왜곡되어 진공매질과 통상의 물질에 응력이 생기는 상태가 되며 이 상태의 변형, 이동이 중력을 비롯한 모든 자연현상의 기원이라 하였다. 진공매질은 그 자체가 변하는 것이 아니고, 그 격자(아주 미세한 격자)의 진동에 의한 에너지 상태가 변하는 것이며 물질이나 에너지 이동은 진공매질의 격자 진동에너지의 이동이다. 이러한 전제로부터 우리는 중력의 기원을 자연스럽게 확인할 수 있었고 기타 자연계 제반 현상을 일관되게 해석할 수 있었다.

진공은 밀도가 매우 높은 매질로 채워져 있고 (에너지가 없기 때문에 밀도가 최대이다) 원자를 비롯한 행성, 항성 등 물질은 에너지가 있기 때문에 그 크기와 상관없이 진공매질을 밀어내는 상태로 존재한다고 가정할 경우 진공매질에는 물질의 중심에서의 거리에 따라 감소하는 왜곡이 발생한다. 이러한 왜곡의 상태는 아인슈타인의 질량과 에너지에 의한 시공간 왜곡이라는 개념과 일치한다. 중력은 물질이 가진 에너지가 주변 진공매질을 밀어내기 때문에 형성되는 진공매질의 왜곡으로 생기는 힘이다.

진공매질이 왜곡되면 물체의 거동에 영향을 미친다. 뉴턴역학은 물체가 진공 속을 저항 없이 일정한 속도로 움직이는 것을 관성의 법칙이라 부른다. 물체가 움직이면 필연적으로 진공매질의 왜곡이 발생한다. 이것은 빛의 도플러효과로부터 확인할 수 있으며 전진방향에서는 진공매질이 압축되고 그 반대방향에서는 인장되어 이동하는 물체의 양단에 진공매질의 왜곡의 편차가 발생한다. 이 편차가 물체 이동의 구동력이며, 또한 중력의 기원이기도 하다. 두 물체가 우주공간에 일정거리를 두고 있을 때, 한 물체는 다른 물체에 의해 형성된 왜곡된 진공매질의 영향을 받는다. 진공매질의 왜곡의 세기는 거리의 따라 감소하기 때문에 다른 물체에 의해 해당 물체의 양단에 (다른 물체로의 직선방향) 진공매질의 왜곡의 편차가 발생한다. 이 편차 때문에 그 물체는 다른 물체 쪽으로 움직이며 (관성의 법칙) 다른 힘이 작용하지 않는다면 이 움직임으로 인하여 물체가 느끼는 진공매질의 왜곡의 편차가 증가한다. 즉, 이동속도가 증가하며, 이것은 거리의 제곱에 반비례하는 인력으로 표시할 수 있다. 이것이 중력의 기원이다.

그런데 물체는 왜 진공매질의 왜곡이 심한 쪽으로 이동하는 것일까? 그것은 물체가 진공매질에 속에서 가진 에너지만큼 끊임없이 진동하고 주위의 진공 격자와의 상호작용하여 이동하기 때문이다. 이러한 진동이 물질파이다. 물질파의 파장은 물질과 진공매질 계면에 형성되는 진공매질의 변형된 격자간격이다. 이 격자간격은 질량이 클수록 물질의 이동속도가 클수록 좁아진다. 따라서 물질파의 파장은 물질의 질량과 이동속도의 곱, 운동량에 반비례하는 것이다. 진공매질이 압축되면, 즉 물질파의 파장이 짧아지면, 두 인접한 진공격자 간격이 좁아져 진동에 의한 이동확률이 높아진다. 이것이 물체가 한 방향으로 이동하는 관성의 원리이고 중력의 원리이다.

진공매질에 형성된 왜곡으로 물질사이에 인력이 발생하며 이로 인하여 물질은 응집된 상태로 존재한다. 물질이 응집하면 할수록 물질 내부는 압축응력이 증가하여 이상적인 구형일 경우 중심점에 무한대 응력이 형성된다. 물질의 내부가 매우 높은 압력상태로 존재하면, 구성물이 압착되어 부피가 작은 것으로 바뀐다. 핵융합으로 양성자와 전자가 중성자로 변하고 에너지가 방출되어 주변 물질을 가열하거나 빛과 열을 방출한다. 태양과 같은 항성은 대부분의 물질이 수소이며 수소가 핵융합되어 헬륨으로 변하면서 많은 에너지를 밖으로 배출한다. 지구와 같은 행성은 내부가 철과 같은 무거운 원소로 구성되어있어 핵융합 반응이 활발하지는 않지만 지속적으로 에너지를 방출하고 있다. 이것이 지구의 지진이나 화산활동이다. 항성의 규모가 커서 내부 압력이 매우 높을 경우 핵융합 반응이 매우 활발하지만 에너지 방출이 억제될 경우 내부의 생성된 고온고압을 견디지 못하고 폭발한다. 초신성이 탄생하는 것이다. 초신성은 그동안 항성내부에서 형성된 무거운 원소를 우주에 방출하여 지구와 같은 행성을 형성하게끔 한다. 지구의 물질에는 핵융합 과정에 형성된 물질이 존재하며 이들 물질이 노출되면 핵융합과는 반대로 반응이 진행되는 핵분열 현상이 나타난다. 지구에 존재하는 핵물질을 그렇게 이해할 수 있다. 핵융합과 핵분열을 둘 다 에너지를 방출하는 과정이지만, 그 기원은 정반대이다.

초신성과 같이 에너지가 폭발적으로 분출하고 일부 잔해로 남은 것이 중성자별이다. 중성자별은 양성자와 전자가 가진 에너지를 전부 또는 일부를 잃은 중성자로 구성된 거대 원소이다. 초신성의 원형별 내부에서 생성되었으며 매우 밀도가 높은 상태이다. 중성자별은 초신성 이 생성하기 전에 때 미치던 압력이 제거된 상태이므로 압축에너지가 방출될 것이다. 에너지가 높은 일부 중성자별은 매우 빠르게 회전하며 펄스형태의 강한 전자기파를 우주로 방출한다. 중성자별이 에너지를 방출하면 서서히 식어갈 것이며 블랙홀로 변한 후 완전 소멸된다. 블랙홀은 별이 가진 에너지를 모두 잃은 상태라 진공매질과 유사하며 블랙홀이 가진 미약한 에너지를 상실하면 결국 진공매질과 동일하게 될 것이다. 블랙홀은 밀도가 아주 높아 빛을 포함한 모든 것을 빨아들이는 괴물과 같은 존재가 아니고 그야말로 에너지가 없어 빛도 없는 검은 부분으로 깨끗한 진공매질과 같은 것이다.

현재 우주는 우리가 알지 못하는 암흑물질과 암흑에너지로 가득하다고 한다. 암흑물질 때문에 항성이 나선형 은하의 중심에서 멀어질수록 속도가 감소하지 않으며 암흑에너지 때문에 먼 은하는 더 빠르게 멀어져간다고 한다. 우리가 알지 못하는 이 암흑의 물질과 에너지 때문에 우주가 135억 년 전 한 점에서 폭발한 후 현재의 모습을 하고 있으며 앞으로도 더욱더 팽창할 것이라 한다. 그럴까? 진공매질로 가득한 새로운 우주에서 암흑물질이라는 것은 나선 은하의 회전에 의하여 회전면에 집중되는 진공매질의 2차원 왜곡의 다른 표현일 뿐이다. 회전면에 심해지는 진공매질의 왜곡상태로 동일한 회전면에 있는 항성들 사이의 영향력은 증가하며 중심에서의 거리에 따른 속도감소를 억제한다. 수성의 세차운동과 동일한 원리이다. 이러한 2차원 왜곡은 은하 중심에 에너지가 소진되어 질량이 없는 블랙홀이 존재할 경우 더욱 두드러진다.

암흑에너지는 아인슈타인의 일반상대성 이론을 표현하는 방정식에 포함된 우주상수이다. 이 방정식의 해로부터 우주는 가속 팽창할 것으로 예측되고 먼 은하에서 오는 빛의 적색편이로 확인된다고 한다. 진공매질이 가득한 우주에서는 우주의 팽창은 없다. 먼 은하가 멀어지는 것처럼 보이는 것은 그 은하가 자체 에너지를 방출하며 가속을 받아 실제로 우리로부터 멀어지거나 방출되는 에너지가 점점 줄어 빛의 파장이 길어지는 것, 둘 중에 하나이거나 둘 다 일 것이다. 우주의 가속팽창을 유도하는 암흑에너지는 없고 오직 진공매질만 존재한다. 우주가 팽창하는 것이 아니고 물질과 에너지가 진공매질 속을 퍼져나가는 것이다.

우리의 우주는 마이크로파로 가득하다. 우주 마이크로파 배경은 진공매질을 흔드는 파장이 매우 긴 복사(전자기파의 일종)로서 진공매질의 에너지가 그만큼 높아진 상태이다. 이 복사의 근원을 추적하면, 그 어떤 표면이 나오고 그 복사 시점도 나온다. 우주의 단 하나의 거대한 별이 폭발한 것이다. 초거대 신성이 출현한 것이다. 이 초거대 신성의 물질이 우주로 퍼져나가 지금의 우주의 형상을 하고 있다. 태초의 우주는 진공매질에 빛과 중성미자로 가득하였다. 빛과 중성미자로부터 전자와 양전자가 생겨나고 양전자가 진공격자에 포획되어 양성자가 생겨났다. 물질이 탄생한 것이다. 전자는 양성자에 이끌려 수소원자가 형성되었으며 이들이 뭉쳐 하나의 거대한 별이 되었다. 이 별이 폭발한 후의 잔해가 현 우주인 것이다.

참고문헌

1 "Neutrinos sent from CERN to Gran Sasso respect the cosmic speed limit, experiments confirm" (Press release). CERN. 8 June 2012. Retrieved 2 April 2015.

2 Superforce: the Search for a grand Unified Theory of Nature. New York: Simon and Schuster. p. 104

3 Young, Thomas (1804). "Bakerian Lecture: Experiments and calculations relative to physical optics". Philosophical Transactions of the Royal Society. 94: 1–16.

4 **1.** Huygens (1690), translated by Silvanus P. Thompson (1912), Treatise on Light, London: Macmillan, 1912; Project Gutenberg edition, 2005; Errata, 2016.
2. Darryl J. Leiter; Sharon Leiter (1 January 2009). A to Z of Physicists. Infobase Publishing. p. 108. ISBN 978-1-4381-0922-0. Retrieved 11 May 2013.

5 Michelson, Albert A.; Morley, Edward W. (1887). "On the Relative Motion of

the Earth and the Luminiferous Ether". American Journal of Science. 34: 333-345.

6 **1.** Eisele, Ch.; Nevsky, A. Yu.; Schillerv, S. (2009). "Laboratory Test of the Isotropy of Light Propagation at the 10-17 level" . Physical Review Letters. 103 (9): 090401.

2. Herrmann, S.; Senger, A.; Möhle, K.; Nagel, M.; Kovalchuk, E. V.; Peters, A. (2009). "Rotating optical cavity experiment testing Lorentz invariance at the 10-17 level". Physical Review D. 80 (100): 105011.

7 Jeroen van Dongen (2009), On the role of Michelson-Morley experiment: Einstein in Chicago Archive for history of exact sciences 63: 655-663

8 **1.** Sagnac, Georges (1913), "L'éther lumineux démontré par l'effet du vent relatif d'éther dans un interférométre en rotation uniforme" [The demonstration of the luminiferous aether by an interferometer in uniform rotation], Comptes Rendus, 157: 708-710

2. Sagnac, Georges (1913), "Sur la preuve de la réalité de l'éther lumineux par l'expérience de l'interférographe tournant" [On the proof of the reality of the luminiferous aether by the experiment with a rotating interferometer], Comptes Rendus, 157: 1410-1413

9 Laue, Max von (1911). "Über einen Versuch zur Optik der bewegten Körper". Münchener Sitzungsberichte: 405-412. English translation: On an Experiment on the Optics of Moving Bodies.

10 Dalarsson, Mirjana; Dalarsson, Nils (2015). Tensors, Relativity, and Cosmology (2nd ed.). Academic Press. p. 106-108.

11 **1.** FitzGerald, George Francis (1889), "The Ether and the Earth's Atmosphere", Science, 13 (328): 390,

2. Lorentz, Hendrik Antoon (1892), "The Relative Motion of the Earth and the Aether", Zittingsverlag Akad. V. Wet., 1: 74-79

12 Pais, Abraham (1982), Subtle is the Lord: The Science and the Life of Albert

Einstein, New York: Oxford University Press, ISBN 0-19-520438-7

13 Adams, Steve (1997). Relativity: An introduction to space-time physics. CRC Press. p. 54. ISBN 0-7484-0621-2.

14 Einstein, Albert (1905). "Zur Elektrodynamik bewegter Körrper". Annalen der Physik. 322 (10): 891-921.

15 Ashby, Neil (2003). "Relativity in the Global Positioning System" (PDF). Living Reviews in Relativity. 6: 16.

16 Forshaw, Jeffrey; Smith, Gavin (2014). Dynamics and Relativity. John Wiley & Sons. ISBN 978-1-118-93329-9.

17 "Standard model of particles and interactions". Contemporary Physics Education Project. 2000. Retrieved 2 January 2017.

18 K. A. Olive; et al. (Particle Data Group) (2014). "Review of Particle Physics". Chinese Physics C. 38 (9): 090001.

19 S. Bais (2005). The Equations: Icons of knowledge. p. 84. ISBN 0-674-01967-9.

20
1. Rovelli, Carlo (2008). "Quantum gravity". Scholarpedia. 3 (5): 7117.
2. Zee, Anthony (2010). Quantum Field Theory in a Nutshell (second ed.). Princeton University Press. pp. 172,434-435.

21 Cavendish, H. 'Experiments to determine the Density of the Earth', Philosophical Transactions of the Royal Society of London, (part II) 88 p.469-526 (21 June 1798), reprinted in Cavendish 1798

22 Rosi, G., Sorrentino, F., Cacciapuoti, L., Prevedelli, M. & Tino, G. M., "Precision measurement of the Newtonian gravitational constant using cold atoms ", Nature 510 (2014), 518-521. Schlamminger, Stephan (18 June 2014). "Fundamental constants: A cool way to measure big G". Nature. 510: 478-480.

23 Williams, David R. (16 March 2017). "Earth Fact Sheet". NASA/Goddard

Space Flight Center. Retrieved 26 July 2018.

24 1. Burtt, Edwin. The Metaphysical Foundations of Modern Physical Science. p. 52.
2. Gerald James Holton, Stephen G. Brush (2001). Physics, the Human Adventure. Rutgers University Press. p. 45. ISBN 0-8135-2908-5.

25 189.R.4.47, ff. 7-8, Trinity College Library, Cambridge, UK

26 Erik Verliinde, "On the Origin of Gravity and the Laws of Newton", JHEP. 2011.

27 Einstein, Albert (November 25, 1915). "Die Feldgleichungen der Gravitation". Sitzungsberichte der Preussischen Akademie der Wissenschaften zu Berlin: 844-847.

28 Einstein, Albert (1916). "The Foundation of the General Theory of Relativity". Annalen der Physik. 354 (7): 769.

29 Dyson, F.W.; Eddington, A.S.; Davidson, C.R. (1920). "A Determination of the Deflection of Light by the Sun's Gravitational Field, from Observations Made at the Solar eclipse of May 29, 1919". Phil. Trans. Roy. Soc. A. 220 (571-581): 291-333.

30 KJ Treschman, "Recent astronomical tests of general relativity", Inter J Phys. Sci. 10(2), pp. 90-105 (2015)

31 K. Schwarzschild, Über das Gravitationsfeld eines Massenpunktes nach der Einsteinschen Theorie, Sitzungsberichte der Königlich Preussischen Akademie der Wissenschaften 7 (1916) 189-196.

32 E. Verlinde, The Hidden Phase Space of our Universe, Strings 2011, Uppsala, 1 July 2011.

33 Randall, Lisa (2005). Warped Passages: Unraveling the Universe's Hidden Dimensions. Ecco. ISBN 978-0-06-053108-9.

34 **1.** Feynman, R. P.; Morinigo, F. B.; Wagner, W. G.; Hatfield, B. (1995). Feynman lectures on gravitation. Addison-Wesley. ISBN 978-0-201-62734-3.

2. Zee, A. (2003). Quantum Field Theory in a Nutshell. Princeton University Press. ISBN 978-0-691-01019-9.

35 Rovelli, Carlo (August 2008). "Loop Quantum Gravity" (PDF). CERN. Retrieved 14 September 2014. https://indico.cern.ch/event/21917/contributions/1521199/attachments/354819/494246/Rovelli08.pdf

36 The Force of Empty Spaces, Physical Review Focus 3 December 1998.

37 **1.** Weisskopf, Viktor (1935). "Probleme der neueren Quantentheorie des Elektrons". Naturwissenschaften. 23: 631-637.

2. Welton, Theodore Allen (1948). "Some observable effects of the quantum-mechanical fluctuations of the electromagnetic field". Phys. Rev. 74 (9): 1157.

38 Jaynes, E. T.; Cummings, F. W. (1963). "Comparison of quantum and semiclassical radiation theories with application to the beam maser". Proceedings of the IEEE. 51 (1).

39 G Aruldhas (2009). "§15.15 Lamb Shift". Quantum Mechanics (2nd ed.). Prentice-Hall of India Pvt. Ltd. p. 404.

40 G Aruldhas (2009). "§15.15 Lamb Shift". Quantum Mechanics (2nd ed.). Prentice-Hall of India Pvt. Ltd. p. 404. ISBN 81-203-3635-6.

41 Sean Carroll, Sr Research Associate - Physics, California Institute of Technology, June 22, 2006C-SPAN broadcast of Cosmology at Yearly Kos Science Panel, Part 1.

42 Feynman, Richard (1985). QED: The Strange Theory of Light and Matter. Princeton University Press.

43 **1.** Pena, Luis de la; Cetto, Ana Maria; Valdes-Hernandez, Andrea (2014). "The Emerging Quantum: The Physics Behind Quantum Mechanics": 19.

2. de la Peña, L.; Cetto, A. M.; Vald?s-Hernandes, A. (2014). "The zero-point field and the emergence of the quantum" . International Journal of Modern Physics E. 23 (09): 1450049.
3. Grössing, Gerhard (2014). "Emergence of quantum mechanics from a sub-quantum statistical mechanics". International Journal of Modern Physics B. 28 (26): 1450179
4. Valentini, Antony (2009). "Beyond the quantum" . Physics World. 22 (11): 32-37.
5. Musser, George (November 18, 2013). "Cosmological Data Hint at a Level of Physics Underlying Quantum Mechanics". blogs.scientificamerican.com. Scientific American. Retrieved 5 December 2016.
6. Haisch, Bernhard; Rueda, Alfonso; Puthoff, H. E. (1994). "Inertia as a zero-point-field Lorentz force" . Physical Review A. 49 (2): 678-694.
7. Matthews, Robert (25 February 1995). "Nothing Like a Vacuum". New Scientist. 145 (1966): 30-33.

44 1. Peter W. Milonni - "The Quantum Vacuum", An Introduction to QED, Acdemic Press 2013
2. de la Pena and Cetto "The Quantum Dice: An Introduction to Stochastic Electrodynamics"

45 P. Hoyng, Relativistic Astrophysics and Cosmology: A Primer, Springer-Veralag, Berlin, 274, 2006.

46 https://refractiveindex.info/

47 L. E. Kinsler et al. (2000), Fundamentals of acoustics, 4th Ed., John Wiley and sons Inc., New York, USA.

48 L. E. Kinsler et al. (2000), Fundamentals of acoustics, 4th Ed., John Wiley and sons Inc., New York, USA.

49 J. Krautkrämer and H. Krautkrämer (1990), Ultrasonic testing of materials, 4th fully revised edition, Springer-Verlag, Berlin, Germany, p. 497.

50 Moore, B., Jaglinski, T., Stone, D. S., and Lakes, R. S., "Negative incremental bulk modulus in foams", Philosophical Magazine Letters, 86, 651-659, (2006).

51 Lakes, R., Wojciechowski, K. W., "Negative compressibility, negative Poisson's ratio, and stability", Physica Status Solidi, 245, No. 3, 545-551, Feb 4 (2008).

52 Naifeh, Steven and Gregory White Smith (2011). Van Gogh: The Life. New York: Random House. ISBN 978-0-375-50748-9.

53 Reasenberg, Robert D.; Patla, Biju R.; Phillips, James D.; Thapa, Rajesh; "Design and characteristics of a WEP test in a sounding-rocket payload", Classical and Quantum Gravity 27, 095005 (2010).

54 Rindler, W. (2006). Relativity: Special, General, And Cosmological. Oxford University Press. p. 22.

55 Max Jammer, Concepts of Mass in Classical and Modern Physics, (Dover, 1997), p 203.

56 Eötvös, R. V.; Pekár, D.; Fekete, E. (1922). "Beiträge zum Gesetz der Proportionalität von Trägheit und Gravität". Annalen der Physik. 68: 11-66

57 Overduin, James; Everitt, Francis; Mester, John; Worden, Paul (2009). "The Science Case for STEP". Advances in Space Research. 43 (10): 1532-1537.

58 Feynman, R., QED: The Strange Theory of Light and Matter, Penguin 1990 Edition, p 84.

59 Davisson, C. J.; Germer, L. H. (1 April 1928). "Reflection of Electrons by a Crystal of Nickel". Proceedings of the National Academy of Sciences of the United States of America. 14 (4): 317-322.

60 Arndt, M.; O. Nairz; J. Voss-Andreae; C. Keller; G. van der Zouw; A. Zeilinger (14 October 1999). "Wave-particle duality of C60". Nature. 401 (6754): 680-682.

61 Joy Manners (2000), Quantum Physics: An Introduction, CRC Press, pp. 53-

56, ISBN 978-0-7503-0720-8.

62 A. Beiser, Concepts of Modern Physics, 6th edition, McGraw-Hill 2003, p 97.

63 **1.** Lisa Randall, Warped Passages: Unraveling the Mysteries of the Universe's Hidden Dimensions, p.286.

2. Tipler, Paul A.; Llewellyn, Ralph A. (2008). Modern Physics (5th ed.). New York: W.H. Freeman & Co. p. 54. ISBN 978-0-7167-7550-8.

64 **1.** R. Jia, G. Amulele, P.V. Zinin, S. Odake, P. Eng, V. Khabashesku, W.L. Maoe, C.M. Li, Elastic and inelastic behavior of graphitic C3N4 under high pressure", Chemical Physics Letters 575 (2013) 67-70.

2. Y. Zou, X. Wang, T. Chen, X. Li, X. Qi, D. Welch, P. Zhu, B. Liu, T. Cui, B. Li, "Hexagonal-structured ε-NbN: ultra-incompressibility, high shear rigidity, and a possible hard superconducting material", Scientific Reports June 2015.

65 Wertz, edited by James R. Wertz; Larson, Wiley J. (2010). Space mission analysis and design (3rd ed.). Hawthorne, Calif.: Microcosm. p. 135. ISBN 978-1881883-10-4.

66 Eddington AS (1919). "The total eclipse of 1919 May 29 and the influence of gravitation on light". Observatory 42:119-122.

67 Campbell WW, Trumpler R (1928). "Observations made with a pair of five-foot cameras on the light-deflections in the Sun's gravitational field at the total solar eclipse of September 21, 1922". Lick Observatory Bulletin 397(13):130-160.

68 Keith John Treschman, "Recent astronomical tests of general relativity", International Journal of Physical Sciences, Vol. 10(2), pp. 90-105, 30 Janaury, 2015.

69 U. Le Verrier (1859), (in French), "Lettre de M. Le Verrier á M. Faye sur la théorie de Mercure et sur le mouvement du périhélie de cette planète", Comptes rendus hebdomadaires des séances de l'Acadèmie des sciences (Paris), vol. 49 (1859), pp.379-383.

70 Clemence, G. M. (1947). "The Relativity Effect in Planetary Motions". Reviews of Modern Physics. 19 (4): 361-364. Bibcode:1947RvMP...19..361C. doi:10.1103/RevModPhys.19.361.

71 Park, Ryan S., et al. "Precession of Mercury's Perihelion from Ranging to the MESSENGER Spacecraft." The Astronomical Journal 153.3 (2017): 121.

72 Biswas, Abhijit; Mani, Krishnan R. S. (2008). "Relativistic perihelion precession of orbits of Venus and the Earth". Central European Journal of Physics. v1. 6 (3): 754-758.

73 Weisberg, J.M.; Taylor, J.H. (July 2005). "The Relativistic Binary Pulsar B1913+16: Thirty Years of Observations and Analysis". Written at San Francisco. In F.A. Rasio; I.H. Stairs. Binary Radio Pulsars. ASP Conference Series. 328. Aspen, Colorado, USA: Astronomical Society of the Pacific. p. 25

74 Hawking, Stephen. On the Shoulders of Giants : the Great Works of Physics and Astronomy. Philadelphia, Pennsylvania, USA: Running Press. pp. 1243, Foundation of the General Relativity (translated from Albert Einstein's Die Grundlage der Allgemeine Relativitätstheorie, first published in 1916 in Annalen der Physik, volume 49). ISBN 0-7624-1348-4.

75 **1.** Y. Friedman, S. Livshitz and J. M. Steiner, "Predicting the relativistic periastron advance of a binary without curving spacetime", Eur. Phys. Lett., 116 (2016) 19001

2. Y. Friedman and J. M. Steiner, "Predicting Mercury's Precession using Simple Relativistic Newtonian Dynamics", Eur. Phys. Lett. (EPL), 113 (2016) 39001

76 Beatriz Cordero; Verónica Gómez; Ana E. Platero-Prats; Marc Revés; Jorge Echeverría; Eduard Cremades; Flavia Barragán; Santiago Alvarez (2008). "Covalent radii revisited". Dalton Trans. (21): 2832-2838.

77 Lodders, Katharina (10 July 2003). "Solar System Abundances and Condensation Temperatures of the Elements" (PDF). The Astrophysical Journal. 591 (2):

1220-1247.

78 García, R.; et al. (2007). "Tracking solar gravity modes: the dynamics of the solar core". Science. 316 (5831): 1591-1593.

79 "NASA/Marshall Solar Physics". Marshall Space Flight Center. 18 January 2007. Retrieved 11 July 2009.

80 García, R.; et al. (2007). "Tracking solar gravity modes: the dynamics of the solar core". 《Science》 316 (5831): 1591-1593.

81 World Book at NASA. NASA. Archived from the original on 10 May 2013. Retrieved 10 October 2012.

82 Broggini, C. (2003). Physics in Collision, Proceedings of the XXIII International Conference: Nuclear Processes at Solar Energy. XXIII Physics in Collisions Conference. Zeuthen, Germany. p. 21.

83 Nakamura, K (2010). "Review of Particle Physics". Journal of Physics G: Nuclear and Particle Physics. 37 (7A): 075021.

84 "Solar System Exploration: Planets: Sun: Facts & Figures". NASA. Archived from the original on 2 January 2008.

85 http://earthsky.org/space/suns-core-rotates-4x-faster-than-surface, "Sun's core rotates 4x faster than surface" By Deborah Byrd in Space | August 2, 2017

86 http://starchild.gsfc.nasa.gov/docs/StarChild/questions/question18.html NASA - StarChild Question of the Month for February 2000

87 Francis, Charles; Anderson, Erik (June 2014). "Two estimates of the distance to the Galactic Centre". Monthly Notices of the Royal Astronomical Society. 441 (2): 1105-1114.

88 Gnedin, O. Y.; et al. (2010). "The mass profile of the Galaxy to 80 kpc". The Astrophysical Journal. 720: L108-L112.

89 Kormendy, John; Ho, Luis (2013). "Coevolution (Or Not) of Supermassive Black Holes and Host Galaxies". Annual Review of Astronomy and Astrophysics,. 51: 511-653.

90 Williams, David R. (1 September 2004). "Earth Fact Sheet". NASA. Retrieved 9 August 2010.

91 Jordan, T. H. (1979). "Structural geology of the Earth's interior". Proceedings of the National Academy of Sciences of the United States of America. 76 (9): 4192-4200.

92 Tanimoto, Toshiro (1995). "Crustal Structure of the Earth" . In Thomas J. Ahrens. Global Earth Physics: A Handbook of Physical Constants. Washington, DC: American Geophysical Union. ISBN 0-87590-851-9. Archived from the original on 16 October 2006. Retrieved 3 February 2007.

93 Kerr, R. A. (2005). "Earth's Inner Core Is Running a Tad Faster Than the Rest of the Planet". Science. 309 (5739): 1313a.

94 International Earth Rotation and Reference Systems Service (IERS) Working Group (2004). "General Definitions and Numerical Standards" . In McCarthy, Dennis D.; Petit, G?rard. IERS Conventions (2003) . IERS Technical Note No. 32. Frankfurt am Main: Verlag des Bundesamts für Kartographie und Geodäsie. p. 12. ISBN 3-89888-884-3. Retrieved 29 April 2016.

95 Seidelmann, P. Kenneth; Archinal, Brent A.; A'Hearn, Michael F.; et al. (2007). "Report of the IAU/IAG Working Group on cartographic coordinates and rotational elements: 2006". Celestial Mechanics and Dynamical Astronomy. 98 (3): 155-180.

96 Arthur N. Cox, ed. (2000). Allen's Astrophysical Quantities (4th ed.). New York: AIP Press. p. 244. ISBN 978-0-387-98746-0. Retrieved 17 August 2010.

97 **1.** Boynton, Richard (2001). "Precise Measurement of Mass". Sawe Paper No.

3147. Arlington, Texas: S.A.W.E., Inc. Retrieved 2007-01-21.

2. "Curious About Astronomy?", Cornell University, retrieved June 2007

98 http://www.hani.co.kr/arti/science/science_general/176024.html, 미래&과학 2006.12.04. 21억년 뒤 하루는 30시간!? 유후~

99 1. Gautier, D.; Conrath, B.; Flasar, M.; Hanel, R.; Kunde, V.; Chedin, A.; Scott N. (1981). "The helium abundance of Jupiter from Voyager". Journal of Geophysical Research. 86 (A10): 8713-8720.

2. Kunde, V. G.; et al. (September 10, 2004). "Jupiter's Atmospheric Composition from the Cassini Thermal Infrared Spectroscopy Experiment". Science. 305 (5690): 1582-86.

100 Guillot, T.; Stevenson, D. J.; Hubbard, W. B.; Saumon, D. (2004). "Chapter 3: The Interior of Jupiter". In Bagenal, F.; Dowling, T. E.; McKinnon, W. B. Jupiter: The Planet, Satellites and Magnetosphere. Cambridge University Press. ISBN 0-521-81808-7.

101 Guillot, T.; Gautier, D.; Hubbard, W. B. (1997). "New Constraints on the Composition of Jupiter from Galileo Measurements and Interior Models". Icarus. 130 (2): 534-539.

102 Guillot, T.; Gautier, D.; Hubbard, W. B. (1997). "New Constraints on the Composition of Jupiter from Galileo Measurements and Interior Models". Icarus. 130 (2): 534-539.

103 Guillot, T.; Stevenson, D. J.; Hubbard, W. B.; Saumon, D. (2004). "Chapter 3: The Interior of Jupiter". In Bagenal, F.; Dowling, T. E.; McKinnon, W. B. Jupiter: The Planet, Satellites and Magnetosphere. Cambridge University Press. ISBN 0-521-81808-7.

104 Various (2006). McFadden, Lucy-Ann; Weissman, Paul; Johnson, Torrence, eds. Encyclopedia of the Solar System (2nd ed.). Academic Press. p. 412. ISBN 0-12-088589-1.

105 Patrick G. J. Irwin (2003). Giant Planets of Our Solar System: Atmospheres, Composition, and Structure. Springer. ISBN 3-540-00681-8.

106 "Kepler's Supernova: Recently Observed Supernova". Universe for Facts. Retrieved 21 December 2014.

107 Winkler, P. Frank; Gupta, Gaurav; Long, Knox S. (2003). "The SN 1006 Remnant: Optical Proper Motions, Deep Imaging, Distance, and Brightness at Maximum". Astrophysical Journal. 585 (1): 324.

108 Subo Dong, B. J.; et al. (2016). "ASASSN-15lh: A highly super-luminous supernova". Science. 351 (6270): 257-260.

109 Heger, Alexander; Fryer, Chris L.; Woosley, Stanford E.; Langer, Norbert; Hartmann, Dieter H. (2003). "How Massive Single Stars End Their Life". Astrophysical Journal. 591: 288.

110 Schawinski, Kevin; et al. (2008). "Supernova Shock Breakout from a Red Supergiant". Science. 321 (5886): 223-226.

111 Timmes, F. X.; Woosley, S. E.; Weaver, Thomas A. (1995). "Galactic chemical evolution: Hydrogen through zinc". Astrophysical Journal Supplement Series. 98: 617.

112 Bianco, F. B.; Modjaz, M.; Hicken, M.; Friedman, A.; Kirshner, R. P.; Bloom, J. S.; Challis, P.; Marion, G. H.; Wood-Vasey, W. M.; Rest, A. (2014). "Multi-color Optical and Near-infrared Light Curves of 64 Stripped-envelope Core-Collapse Supernovae". The Astrophysical Journal Supplement. 213 (2): 19.

113 Piro, Anthony L.; Thompson, Todd A.; Kochanek, Christopher S. (2014). "Reconciling 56Ni production in Type Ia supernovae with double degenerate scenarios". Monthly Notices of the Royal Astronomical Society. 438 (4): 3456.

114 Röpke, Friedrich K.; Hillebrandt, Wolfgang (2004). "The case against the progenitor's carbon-to-oxygen ratio as a source of peak luminosity variations in Type Ia supernovae". Astronomy and Astrophysics Letters. 420 (1): L1-L4.

115 Paczyński, Bohdan (1976). "Common Envelope Binaries". In Eggleton, P.; Mitton, S.; Whelan, J. Structure and Evolution of Close Binary Systems. IAU Symposium No. 73. Dordrecht: D. Reidel. pp. 75-80.

116 Hillebrandt, Wolfgang; Niemeyer, Jens C. (2000). "Type IA Supernova Explosion Models". Annual Review of Astronomy and Astrophysics. 38 (1): 191-230.

117 1. Heger, Alexander; Fryer, Chris L.; Woosley, Stanford E.; Langer, Norbert; Hartmann, Dieter H. (2003). "How Massive Single Stars End Their Life". Astrophysical Journal. 591: 288.
2. Nomoto, Ken'ichi; Tanaka, Masaomi; Tominaga, Nozomu; Maeda, Keiichi (2010). "Hypernovae, gamma-ray bursts, and first stars". New Astronomy Reviews. 54 (3-6): 191.

118 Poelarends, Arend J. T.; Herwig, Falk; Langer, Norbert; Heger, Alexander (2008). "The Supernova Channel of Super-AGB Stars". The Astrophysical Journal. 675: 614.

119 1. Heger, Alexander; Fryer, Chris L.; Woosley, Stanford E.; Langer, Norbert; Hartmann, Dieter H. (2003). "How Massive Single Stars End Their Life". Astrophysical Journal. 591: 288.
2. Faure, Gunter; Mensing, Teresa M. (2007). "Life and Death of Stars". Introduction to Planetary Science. pp. 35-48.

120 Gilmore, Gerry (2004). "The Short Spectacular Life of a Superstar". Science. 304 (5697): 1915-1916.

121 Bodansky, David; Clayton, Donald D.; Fowler, William A. (1968). "Nucleosynthesis During Silicon Burning". Physical Review Letters. 20 (4): 161.

122 Kasen, Daniel; Woosley, S. E. (2009). "Type Ii Supernovae: Model Light Curves and Standard Candle Relationships". The Astrophysical Journal. 703 (2): 2205.

123 Matz, S. M.; Share, G. H.; Leising, M. D.; Chupp, E. L.; Vestrand, W. T.; Purcell, W.R.; Strickman, M.S.; Reppin, C. (1988). "Gamma-ray line emission from SN1987A". Nature. 331 (6155): 416.

124 Mazzali, P. A.; Nomoto, K. I.; Cappellaro, E.; Nakamura, T.; Umeda, H.; Iwamoto, K. (2001). "Can Differences in the Nickel Abundance in Chandrasekhar-Mass Models Explain the Relation between the Brightness and Decline Rate of Normal Type Ia Supernovae?". The Astrophysical Journal. 547 (2): 988.

125 Ahmad, Ishfaq; Hans Mes; Jacques Hebert (1966). "Progress of theoretical physics: Resonance in the Nucleus". Institute of Physics. Ottawa, Canada: University of Ottawa (Department of Physics). 3 (3): 556-600.

126 Qian, Y.-Z.; Vogel, P.; Wasserburg, G. J. (1998). "Diverse Supernova Sources for the r-Process". Astrophysical Journal. 494 (1): 285-296.

127 Cox, Donald P. (1972). "Cooling and Evolution of a Supernova Remnant". Astrophysical Journal. 178: 159.

128 Cameron, A.G.W.; Truran, J.W. (1977). "The supernova trigger for formation of the solar system". Icarus. 30 (3): 447.

129 Melott, A.; et al. (2004). "Did a gamma-ray burst initiate the late Ordovician mass extinction?". International Journal of Astrobiology. 3 (2): 55-61.

130
1. Fields, Brian D.; Hochmuth, Kathrin A.; Ellis, John (2005). "Deep-Ocean Crusts as Telescopes: Using Live Radioisotopes to Probe Supernova Nucleosynthesis". The Astrophysical Journal. 621 (2): 902.
2. Knie, K.; et al. (2004). "60Fe Anomaly in a Deep-Sea Manganese Crust and Implications for a Nearby Supernova Source". Physical Review Letters. 93 (17): 171103-171106.
3. Fields, B. D.; Ellis, J. (1999). "On Deep-Ocean Fe-60 as a Fossil of a Near-Earth Supernova". New Astronomy. 4 (6): 419-430.

131 Wonnacott, D.; Kellett, B. J.; Stickland, D. J. (1993), "IK Peg - A nearby, short-period, Sirius-like system", Monthly Notices of the Royal Astronomical Society, 262 (2): 277-284

132 Bally, John; Reipurth, Bo (2006). The Birth of Stars and Planets (illustrated ed.). Cambridge University Press. p. 207

133 "Introduction to neutron stars". Retrieved 2007-11-11.

134 Reisenegger, A. "Origin and Evolution of Neutron Star Magnetic Fields" . Universidade Federal do Rio Grande do Sul. Retrieved 21 March 2016.

135 **1.** Hessels, Jason; Ransom, Scott M.; Stairs, Ingrid H.; Freire, Paulo C. C.; et al. (2006). "A Radio Pulsar Spinning at 716 Hz". Science. 311 (5769): 1901-1904.

2. Naeye, Robert (2006-01-13). "Spinning Pulsar Smashes Record". Sky & Telescope. Retrieved 2008-01-18.

136 Baade, Walter & Zwicky, Fritz (1934). "Remarks on Super-Novae and Cosmic Rays". Physical Review. 46 (1): 76-77.

137 Chadwick, James (1932). "On the possible existence of a neutron". Nature. 129 (3252): 312

138 Lang, Kenneth (2007). A Companion to Astronomy and Astrophysics: Chronology and Glossary with Data Tables (illustrated ed.). Springer Science & Business Media.

139 Weisberg, J. M.; Nice, D. J.; Taylor, J. H. (20 October 2010). "Timing Measurements of the Relativistic Binary Pulsar PSR B1913+16". The Astrophysical Journal. 722 (2): 1030-1034.

140 "Multi-messenger Observations of a Binary Neutron Star Merger". The Astrophysical Journal Letters. 848 (2): L12. 2017. Retrieved 16 October 2017.

141 **1.** Demorest, PB; Pennucci, T; Ransom, SM; Roberts, MS; et al. (2010). "A two-solar-mass neutron star measured using Shapiro delay". Nature. 467 (7319): 1081-1083.

2. Antoniadis, J (2012). "A Massive Pulsar in a Compact Relativistic Binary". Science. 340 (6131): 1233232.

142 R. M. Wald, "Black Holes" in General Relativity, University of Chicago Press, Chicago and London, 1984.

143 Wald, R. M. (1997). "Gravitational Collapse and Cosmic Censorship"

144 1. Abbott, B.P.; et al. (2016). "Observation of Gravitational Waves from a Binary Black Hole Merger". Phys. Rev. Lett. 116 (6): 061102.

2. Overbye, Dennis (15 June 2016). "Scientists Hear a Second Chirp From Colliding Black Holes". New York Times. Archived from the original on 15 June 2016. Retrieved 15 June 2016.

145 1. Schutz, Bernard F. (2003). Gravity from the ground up. Cambridge University Press. p. 110.

2. Davies, P. C. W. (1978). "Thermodynamics of Black Holes" . Reports on Progress in Physics. 41 (8): 1313-1355.

146 Srikanta, Patnaik (2017-03-09). Recent Developments in Intelligent Nature-Inspired Computing. IGI Global. ISBN 9781522523239.

147 "NASA's NuSTAR Sees Rare Blurring of Black Hole Light". NASA. 12 August 2014. Archived from the original on 13 August 2014. Retrieved 12 August 2014.

148 McClintock, J. E.; Remillard, R. A. (2006). "Black Hole Binaries". In Lewin, W.; van der Klis, M. Compact Stellar X-ray Sources. Cambridge University Press.

149 "Short-cut method of solution of geodesic equations for Schwarzchild black hole", J.A. Marck, Class.Quant. Grav. 13 (1996) 393-402.

150 Celotti, A.; Miller, J. C.; Sciama, D. W. (1999). "Astrophysical evidence for the existence of black holes". Classical and Quantum Gravity. 16 (12A): A3–A21.

151 **1.** "Hubble directly observes the disc around a black hole". www.spacetelescope.org. Archived from the original on 8 March 2016. Retrieved 7 March 2016.

2. Muñoz, José A.; Mediavilla, Evencio; Kochanek, Christopher S.; Falco, Emilio; Mosquera, Ana Maria (2011-12-01). "A Study of Gravitational Lens Chromaticity with the Hubble Space Telescope". The Astrophysical Journal. 742 (2): 67.

152 Hawking, S. W. (1971). "Gravitational Radiation from Colliding Black Holes". Physical Review Letters. 26 (21): 1344–1346.

153 Wald, R. M. (2001). "The Thermodynamics of Black Holes". Living Reviews in Relativity. 4: 6.

154 't Hooft, G. (2001). "The Holographic Principle". In Zichichi, A. Basics and highlights in fundamental physics. Subnuclear series. 37. World Scientific.

155 Mathur, S. D. (2011). The information paradox: conflicts and resolutions. XXV International Symposium on Lepton Photon Interactions at High Energies.

156 Merali, Zeeya (4 April 2013). "Astrophysics: Fire in the hole!". Nature. pp. 20–23.

157 Celotti, A.; Miller, J.C.; Sciama, D.W. (1999). "Astrophysical evidence for the existence of black holes". Class. Quant. Grav. 16 (12A): A3–A21.

158 Srikanta, Patnaik (2017-03-09). Recent Developments in Intelligent Nature-Inspired Computing. IGI Global. ISBN 9781522523239.

159 K. Schwarzschild, Über das Gravitationsfeld eines Massenpunktes nach der Einsteinschen Theorie, Sitzungsberichte der Königlich Preussischen Akademie der Wissenschaften 7 (1916) 189–196.

160 J. Earman, "The Penrose–Hawking singularity theorems: History and Implications", In: The expanding worlds of general relativity, H. Goenner, J. Renn, J. Ritter, T. Sauer (Eds.). Birk presentations of the fourth conference on the and gravitation held in Berlin, 1999, p. 235-267. ISBN 978-0-8176-4060-6

161 Wright, E.L. (2004). "Theoretical Overview of Cosmic Microwave Background Anisotropy". In W. L. Freedman. Measuring and Modeling the Universe. Carnegie Observatories Astrophysics Series. Cambridge University Press. p. 291.

162 Guth, A. H. (1998). The Inflationary Universe: The Quest for a New Theory of Cosmic Origins. Basic Books. p. 186. ISBN 978-0201328400. OCLC 35701222.

163 Cirigliano, D.; de Vega, H.J.; Sanchez, N. G. (2005). "Clarifying inflation models: The precise inflationary potential from effective field theory and the WMAP data". Physical Review D. 71 (10): 77-115.

164 Abbott, B. (2007). "Microwave (WMAP) All-Sky Survey". Hayden Planetarium. Archived from the original on 2013-02-13. Retrieved 2008-01-13.

165 Gawiser, E.; Silk, J. (2000). "The cosmic microwave background radiation". Physics Reports. 333-334: 245-267.

166 Kaku, M. (2014). "First Second of the Big Bang". How the Universe Works. Discovery Science.

167 Smoot, G. F. (2006). "Cosmic Microwave Background Radiation Anisotropies: Their Discovery and Utilization". Nobel Lecture. Nobel Foundation. Retrieved 2008-12-22.

168 Unsöld, A.; Bodo, B. (2002). The New Cosmos, An Introduction to Astronomy and Astrophysics (5th ed.). Springer-Verlag. p. 485. ISBN 3-540-67877-8.

169 Alpher, R. A.; Herman, R. C. (1948). "On the Relative Abundance of the Elements". Physical Review. 74 (12): 1737-1742.

170 Doroshkevich, A. G.; Novikov, I.D. (1964). "Mean Density of Radiation in the

Metagalaxy and Certain Problems in Relativistic Cosmology". Soviet Physics Doklady. 9 (23): 4292-4298.

171 The Cosmic Microwave Background Radiation (Nobel Lecture) by Robert Wilson 8 Dec 1978, p. 474. 이들은 1978년 그 공로로 노벨물리학상을 받았다.

172 Grupen, C.; et al. (2005). Astroparticle Physics. Springer. pp. 240-241. ISBN 3-540-25312-2.

173 Pogosian, L.; et al. (2003). "Observational constraints on cosmic string production during brane inflation". Physical Review D. 68 (2): 023506.

174 Bennett, C. L.; (WMAP collaboration); Hinshaw, G.; et al. (2003). "First-year Wilkinson Microwave Anisotropy Probe (WMAP) observations: preliminary maps and basic results". Astrophysical Journal Supplement Series. 148: 1-27.

175
1. Clavin, Whitney; Harrington, J.D. (21 March 2013). "Planck Mission Brings Universe Into Sharp Focus". NASA. Retrieved 21 March 2013.
2. Staff (21 March 2013). "Mapping the Early Universe". New York Times. Retrieved 23 March 2013.

176
1. Rossmanith, G.; Räth, C.; Banday, A. J.; Morfill, G. (2009). "Non-Gaussian Signatures in the five-year WMAP data as identified with isotropic scaling indices". Monthly Notices of the Royal Astronomical Society. 399 (4): 1921-1933.
2. Bernui, A.; Mota, B.; Rebouças, M. J.; Tavakol, R. (2005). "Mapping the large-scale anisotropy in the WMAP data". Astronomy and Astrophysics. 464 (2): 479-485.
3. Jaffe, T.R.; Banday, A. J.; Eriksen, H. K.; Górski, K. M.; Hansen, F. K. (2005). "Evidence of vorticity and shear at large angular scales in the WMAP data: a violation of cosmological isotropy?". The Astrophysical Journal. 629: L1-L4.

177 https://www.newscientist.com/article/dn23301-planck-shows-almost-perfect-cosmos-plus-axis-of-evil/

178 1. Liu, Hao; Li, Ti-Pei (2009). "Improved CMB Map from WMAP Data".
2. Sawangwit, Utane; Shanks, Tom (2010). "Lambda-CDM and the WMAP Power Spectrum Beam Profile Sensitivity".
3. Liu, Hao; et al. (2010). "Diagnosing Timing Error in WMAP Data".

179 http://background.uchicago.edu/~whu/intermediate/baryons.html, Wayne Hu. "Baryons and Inertia".

180 http://background.uchicago.edu/~whu/intermediate/driving.html, Wayne Hu. "Radiation Driving Force"

181 Hu, W.; White, M. (1996). "Acoustic Signatures in the Cosmic Microwave Background". Astrophysical Journal. 471: 30-51.

182 WMAP Collaboration; Verde, L.; Peiris, H. V.; Komatsu, E.; Nolta, M. R.; Bennett, C. L.; Halpern, M.; Hinshaw, G.; et al. (2003). "First-Year Wilkinson Microwave Anisotropy Probe (WMAP) Observations: Determination of Cosmological Parameters". Astrophysical Journal Supplement Series. 148 (1): 175-194.

183 Pagliaroli, G.; Vissani, F.; Costantini, M. L.; Ianni, A. (2009). "Improved analysis of SN1987A antineutrino events". Astroparticle Physics. 31 (3): 163-176.

184 Cosmic Neutrinos Detected, Confirming The Big Bang's Last Great Prediction - Forbes coverage of original paper: First Detection of the Acoustic Oscillation Phase Shift Expected from the Cosmic Neutrino Background - Follin, Knox, Millea, Pan, pub. Phys. Rev. Lett. 26 August 2015.

185 "Dark Energy, Dark Matter". NASA Science: Astrophysics. 5 June 2015.

186 Persic, Massimo; Salucci, Paolo (1 September 1992). "The baryon content of the Universe". Monthly Notices of the Royal Astronomical Society. 258 (1): 14P-18P.

187 Trimble, V. (1987). "Existence and nature of dark matter in the universe". Annual Review of Astronomy and Astrophysics. 25: 425-472.

188 Copi, C. J.; Schramm, D. N.; Turner, M. S. (1995). "Big-Bang Nucleosynthesis and the Baryon Density of the Universe". Science. 267 (5195): 192-199.

189 Zwicky, F. (1933), "Die Rotverschiebung von extragalaktischen Nebeln", Helvetica Physica Acta, 6: 110-127, Bibcode:1933AcHPh...6..110Z See also Zwicky, F. (1937), "On the Masses of Nebulae and of Clusters of Nebulae", Astrophysical Journal, 86: 217.

190 Corbelli, E. & Salucci, P. (2000). "The extended rotation curve and the dark matter halo of M33". Monthly Notices of the Royal Astronomical Society. 311 (2): 441-447.

191 Zwicky, F. (February 1937), "Nebulae as Gravitational Lenses", Physical Review, 51 (4): 290,

192 Walsh, D.; Carswell, R.F.; Weymann, R.J. (May 31, 1979), "0957 + 561 A, B - Twin quasistellar objects or gravitational lens", Nature, 279 (5712): 381-384

193 Taylor, A. N.; et al. (1998). "Gravitational Lens Magnification and the Mass of Abell 1689". The Astrophysical Journal. 501 (2): 539-553.

194 Wu, X.; Chiueh, T.; Fang, L.; Xue, Y. (1998). "A comparison of different cluster mass estimates: consistency or discrepancy?". Monthly Notices of the Royal Astronomical Society. 301 (3): 861-871.

195 Refregier, A. (2003). "Weak gravitational lensing by large-scale structure". Annual Review of Astronomy and Astrophysics. 41 (1): 645-668.

196 Wayne Hu. "Baryons and Inertia".
http://background.uchicago.edu/~whu/intermediate/baryons.html

197 Wayne Hu. "Radiation Driving Force".
http://background.uchicago.edu/~whu/intermediate/driving.html

198 Merritt, David (February 2017). "Cosmology and convention". Studies in History and Philosophy of Science Part B. 57 (2017): 41-52.

199 Peebles, P. J. E.; Ratra, Bharat (2003). "The cosmological constant and dark energy". Reviews of Modern Physics. 75 (2): 559-606.

200 **1.** Paul J. Steinhardt; Neil Turok (2006). "Why the cosmological constant is small and positive". Science. 312 (5777): 1180-1183.

2. "Dark Energy". Hyperphysics. Retrieved January 4, 2014.

3. Ferris, Timothy. "Dark Matter(Dark Energy)". Retrieved 2015-06-10.

201 Caldwell, R.R.; Dave, R.; Steinhardt, P.J. (1998). "Cosmological Imprint of an Energy Component with General Equation-of-State". Phys. Rev. Lett. 80 (8): 1582-1585.

202 Kragh, H. 2012. Preludes to dark energy: zero-point energy and vacuum speculations. Archive for History of Exact Sciences. Volume 66, Issue 3, pp 199-240

203 Eddington, Arthur S. (1930.5). "On the instability of Einstein's spherical world". 《Monthly Notices of the Royal Astronomical Society》 90: 668-678.

204 **1.** Riess, Adam G.; et al. (1998). "Observational evidence from supernovae for an accelerating universe and a cosmological constant". Astronomical Journal. 116 (3): 1009-38.

2. Perlmutter, S.; et al. (1999). "Measurements of Omega and Lambda from 42 high redshift supernovae". Astrophysical Journal. 517 (2): 565-86.

205 Zhong-Yue Wang (2016). "Modern Theory for Electromagnetic Metamaterials". Plasmonics. 11 (2): 503-508.

206 "Universe 101". NASA. Retrieved September 9, 2015. "The actual density of atoms is equivalent to roughly 1 proton per 4 cubic meters."

207 Spergel, D. N. (WMAP collaboration); et al. (March 2006). "Wilkinson Microwave Anisotropy Probe (WMAP) three year results: implications for cosmology".

208 Kowalski, Marek; et al. (October 27, 2008). "Improved Cosmological Constraints from New, Old and Combined Supernova Datasets". The Astrophysical

Journal. Chicago: University of Chicago Press. 686 (2): 749–778.

209 "Big Bang's afterglow shows universe is 80 million years older than scientists first thought". The Washington Post. Archived from the original on 22 March 2013. Retrieved 22 March 2013.

210 Carroll, Sean (2001). "The cosmological constant". Living Reviews in Relativity. 4.

211 Wess, Julius; Bagger, Jonathan. Supersymmetry and Supergravity.

212 **1.** Wiltshire, David L. (2007). "Exact Solution to the Averaging Problem in Cosmology". Physical Review Letters. 99 (25): 251101.

2. Ishak, Mustapha; Richardson, James; Garred, David; Whittington, Delilah; Nwankwo, Anthony; Sussman, Roberto (2007). "Dark Energy or Apparent Acceleration Due to a Relativistic Cosmological Model More Complex than FLRW?". Physical Review D. 78 (12): 123531.

3. Mattsson, Teppo (2007). "Dark energy as a mirage". Gen. Rel. Grav. 42 (3): 567–599.

4. Clifton, Timothy; Ferreira, Pedro (April 2009). "Does Dark Energy Really Exist?". Scientific American. 300 (4): 48–55.

213 **1.** Wiltshire, D. (2008). "Cosmological equivalence principle and the weak-field limit". Physical Review D. 78 (8): 084032.

2. Gray, Stuart. "Dark questions remain over dark energy". ABC Science Australia. Retrieved 27 January 2013.

3. Merali, Zeeya (March 2012). "Is Einstein's Greatest Work All Wrong-Because He Didn't Go Far Enough?". Discover magazine. Retrieved 27 January 2013.

214 **1.** J. T. Nielsen; A. Guffanti; S. Sarkar (21 October 2016). "Marginal evidence for cosmic acceleration from Type Ia supernovae". Nature Scientific Reports. 6: 35596.

2. Stuart Gillespie (21 October 2016). "The universe is expanding at an accelerating rate - or is it?". University of Oxford - News & Events - Science Blog (WP:NEWSBLOG).

215 1. Silk, Joseph (2009). Horizons of Cosmology. Templeton Press. p. 208.
2. Singh, Simon (2005). Big Bang: The Origin of the Universe. Harper Perennial. p. 560.
3. Wollack, Edward J. (10 December 2010). "Cosmology: The Study of the Universe". Universe 101: Big Bang Theory. NASA.

216 Andrew Liddle. An Introduction to Modern Cosmology (2nd ed.). London: Wiley, 2003.

217 **1.** M. Lachieze-Rey; J.-P. Luminet (1995), "Cosmic Topology", Physics Reports, 254 (3): 135-214.
2. G. F. R. Ellis; H. van Elst (1999). "Cosmological models (Cargèse lectures 1998)". In Marc Lachize-Rey. Theoretical and Observational Cosmology. NATO Science Series C. 541. pp. 1-116.

218 A. H. Jaffe. "Cosmology 2012: Lecture Notes".

219 L. F. Low (12 October 2016). ""Constraints on the composite photon theory". Modern Physics Letters A.

220 Camille M. Carlisle, Planck Upholds Standard Cosmology, Sky & Telescope, February 10, 2015
http://www.skyandtelescope.com/astronomy-news/planck-upholds-standard-cosmology-0210201523/

221 Coc, Alain; Vangioni, Elisabeth (2017). "Primordial nucleosynthesis". International Journal of Modern Physics E. 26 (8): 1741002.

222 Susanna Kohler (15 February 2017), Fixing the Big Bang Theory's Lithium Problem, http://aasnova.org/2017/02/15/fixing-the-big-bang-theorys-lithium-problem/

223 T. Kawabata et al., "Time-Reversal Measurement of the p-Wave Cross Sections of the 7Be(n,α)4He Reaction for the Cosmological Li Problem", Phys. Rev. Lett. 118, 052701 - Published 3 February 2017.

224 Rini, Matteo (2017). "Synopsis: Tackling the Small-Scale Crisis". Physical Review D. 95 (12).

225 Merritt, David "Cosmology and Convention", Studies In History and Philosophy of Science Part B: Studies In History and Philosophy of Modern Physics, 57(1):41-52, February 2017.

김민태 공학박사

- 서울대학교 금속공학 학사(1983)
- 한국과학기술원 석사(1985)
- 독일 함부르크 공대 박사(1993)
- 기아자동차 재직
- 1996년 10월~현재 : 한국전력 전력연구원 재직중
- SCI논문 31편 발표, 이중 주 저자 30편(30편중 단독 저자로 15편 발표)

거꾸로 읽어보는 우주에 관한 유쾌한 상상

중력의 기원과 새로운 우주

인 쇄 : 2019년 5월 22일 초판 1쇄
발 행 : 2019년 5월 30일 초판 1쇄
저 자 : 김민태

저자와의 협의하에 인지생략

발행인 : 송 준
발행처 : 홍릉과학출판사
주 소 : 서울시 강북구 인수봉로 50길 10
등 록 : 1976년 10월 21일 제5-66호

전 화 : 02-999-2274~5
팩 스 : 02-905-6729

http://www.hongpub.co.kr
hongpub@hongpub.co.kr

ISBN : 979-11-5600-673-2(93440)

정 가 : 20,000원